·我·的·第·一·套·百·科·全·书·

植物世界

ZHIWU SHIJIE

青少科普编委会 编著

吉林科学技术出版社

图书在版编目（CIP）数据

植物世界/青少科普编委会编著.—长春:吉林科学技术出版社，2012.1（2022.8重印）

ISBN 978-7-5384-5566-3

Ⅰ.①植… Ⅱ.①青… Ⅲ.①植物—青年读物 ②植物—少年读物 Ⅳ.①Q94-49

中国版本图书馆CIP数据核字（2011）第277197号

编　　著　青少科普编委会
出 版 人　宛　霞
特约编辑　怀　雷　刘淑艳　仲秋红
责任编辑　赵　鹏　万田继
封面设计　冬　凡
幅面尺寸　165 mm × 235 mm
开　　本　16
字　　数　150 千字
印　　张　10
版　　次　2012 年 3 月第 1 版
印　　次　2022 年 8 月第 2 次印刷

出　　版　吉林科学技术出版社
发　　行　吉林科学技术出版社
地　　址　长春市福祉大路 5788 号出版大厦 A 座
邮　　编　130118
发行部电话 / 传真　0431-81629529　81629530　81629531
　　　　　　　　　81629532　81629533　81629534
储运部电话　0431-86059116
编辑部电话　0431-81629516
印　　刷　三河市华成印务有限公司

书　　号　ISBN 978-7-5384-5566-3
定　　价　36.00 元

前言 QIANYAN

无论是绚丽多姿的花儿，还是挺拔茁壮的小树，都努力地扎根在脚下的土地，扬起自己的头颅，接收大自然母亲的滋养和太阳公公的照耀。

从南极的冰天雪地到赤道的热带雨林，从巍峨的高山之巅到江河湖海，从炎炎大漠到大厦的阳台之上……到处都可以看到那一抹盎然的绿意，它们为大自然增添了几许绚烂和靓丽的风景！

植物大家族

植物的活动

居住的地方

植物与人类

美丽的花卉

植物大家族

植物大家族纷繁复杂，它们堪称是地球上最多姿多彩的生命。几千年来，人们发现了数十万种植物，其中既有单细胞的菌类植物和藻类植物，也有结构复杂的裸子植物和被子植物。高不盈尺的小草懂得释放自身的魅力，茁壮挺拔的大树也活出自己的精彩。可以说，小到一片叶子、一朵花、一颗果实，大到整株植物，都在努力以多姿的形态和缤纷的色彩，将地球家园装扮得更加美丽和生动。

shén me shì zhí wù
什么是植物

zì rán jiè de zhí wù tōngcháng yóu wǔ bù fen zǔ chéng gēn jīng yè huā hé guǒ shí
自然界的植物通常由五部分组成：根、茎、叶、花和果实。
gēn jīng yè fù zé yùn shū shuǐ wú jī yán hé yíng yǎng wù zhì huā duǒ lǐ hán yǒu shēng zhí
根、茎、叶负责运输水、无机盐和营养物质。花朵里含有生殖
qì guān guǒ shí jiù shì zhí wù de zhǒng zi huò zhě bāo guǒ zhǒng zi de bù fen zhí wù de gè gè
器官。果实就是植物的种子或者包裹种子的部分。植物的各个
bù fen bǎo zhàng le zhí wù de shēng zhǎng hé fán yǎn
部分保障了植物的生长和繁衍。

méi guī huā
▼玫瑰花

zhí wù de zú jì
植物的足迹

zhí wù zài dì qiú shang de xǔ duō dì qū dōu yǒu fēn bù wú lùn gāo shān píng yuán jiāng hé hú hǎi hái shì shā mò huāng tān dào chù dōu néng jiàn dào tā men de zú jì
植物在地球上的许多地区都有分布，无论高山平原、江河湖海，还是沙漠荒滩，到处都能见到它们的足迹。

zhí wù de fēn lèi
植物的分类

shì jiè shang de zhí wù gòng yǒu duō wàn zhǒng tā men fēn wéi bù jié zhǒng zi
世界上的植物共有40多万种，它们分为不结种子
de bāo zǐ zhí wù hé jié zhǒng zi de luǒ zǐ zhí wù hé bèi zǐ zhí wù bāo zǐ zhí wù
的孢子植物和结种子的裸子植物和被子植物。孢子植物
bāo kuò zǎo lèi tái xiǎn jué lèi zhí wù zhí zhū zhǐ yǒu gēn jīng yè bù
包括藻类、苔藓、蕨类植物。植株只有根、茎、叶，不
kāi huā méi yǒu guǒ shí hé zhǒng zi kào bāo zǐ fán zhí hòu dài
开花，没有果实和种子，靠孢子繁殖后代。

qiān niú huā yòu míng lǎ ba huā
▲ 牵牛花又名喇叭花

cǎo běn hé mù běn
草本和木本

gēn jù zhí wù jīng gàn de zhì dì rén men bǎ zhí wù
根据植物茎干的质地，人们把植物
fēn wéi mù běn zhí wù hé cǎo běn zhí wù liǎng dà lèi mù běn
分为木本植物和草本植物两大类，木本
zhí wù yòu kě yǐ fēn wéi qiáo mù hé guàn mù mù běn zhí wù
植物又可以分为乔木和灌木。木本植物
de shòu mìng bǐ jiào cháng tā men de jīng gàn xiāng dāng jiān yìng
的寿命比较长，它们的茎干相当坚硬。
ér cǎo běn zhí wù shì shēn tǐ róu ruǎn huò zhě cuì ruò de zhí wù
而草本植物是身体柔软或者脆弱的植物，
gè zhǒng xiǎo cǎo jiù shì diǎn xíng de dài biǎo
各种小草就是典型的代表。

lǜ sè zhí wù
绿色植物

zhí wù zài zì rán jiè zhōng de zuò yòng jí wéi zhòng yào lǜ sè
植物在自然界中的作用极为重要。绿色
zhí wù hé chéng yǒu jī wù zhù cún néng liàng bìng shì fàng chū yǎng
植物合成有机物，贮存能量，并释放出氧
qì wèi dì qiú shang de yī qiè shēng wù tí gōng shēng cún suǒ bì xū
气，为地球上的一切生物提供生存所必需
de wù zhì hé néng liàng shì rén lèi de hǎo péng you
的物质和能量，是人类的好朋友。

小知识

zhí wù hé dòng wù bù tóng tā men yī shēng kě yǐ yī zhí dāi zài yī gè xiāng tóng de dì fang zhí zhì zhōng lǎo
植物和动物不同，它们一生可以一直呆在一个相同的地方，直至终老。

xiān yàn de huā duǒ
▼ 鲜艳的花朵

gēn hé jīng 根和茎

gēn hé jīng shì zhí wù de yíng yǎng qì guān gēn shēng zhǎng zài dì xià jiù xiàng shì zhí wù de
根和茎是植物的营养器官。根生长在地下，就像是植物的

zuǐ ba néng cóng ní tǔ lǐ xī shōu gōng zhí wù shēng zhǎng de yíng yǎng hé shuǐ fèn zhí wù de jīng
“嘴巴”，能从泥土里吸收供植物生长的营养和水分；植物的茎

dà duō bǐ zhí de tǐng lì zài dì miàn shang jīng zhī shang zhǎng zhe yè zi huā duǒ hé guǒ shí zài
大多笔直地挺立在地面上，茎枝上长着叶子、花朵和果实，在

zhī chēng zhí wù de tóng shí yě chōng dāng zhe gēn hé yè de yùn shū tōng dào
支撑植物的同时，也充当着根和叶的运输通道。

zěn yàng qū fēn gēn yǔ jīng 怎样区分根与茎

gēn yǔ jīng dōu yǒu hěn duō zhǒng xíng tài yǒu de zhǎng zài dì miàn yǒu
根与茎都有很多种形态，有的长在地面，有

de zhǎng zài dì dǐ xià dàn shì èr zhě zuì dà de qū bié shì zài jīng
的长在地底下。但是二者最大的区别是：在茎

shang zǒng kě yǐ zhǎo dào jié hé jié jiān kě yǐ kàn jiàn yá yǒu shí hái
上总可以找到节和节间，可以看见芽，有时还

néng kàn jiàn yè shèn zhì huā hé guǒ shí dàn shì gēn jiù kàn bù dào zhè xiē
能看见叶，甚至花和果实；但是根就看不到这些。

dì shàng jīng 地上茎

dà bù fen zhí wù de jīng bù dōu zài dì miàn
大部分植物的茎部都在地面

shang shēng zhǎng zhǎng zài dì miàn shang de jīng jiào zuò
上生长，长在地面上的茎叫做

dì shàng jīng gēn jù dì shàng jīng de shēng zhǎng xí
地上茎。根据地上茎的生长习

xìng hé shēng zhǎng fāng xiàng de bù tóng kě yǐ fēn wéi
性和生长方向的不同，可以分为

zhí lì jīng chán rào jīng pān yuán jīng hé pú fú jīng
直立茎、缠绕茎、攀援茎和匍匐茎。

pú táo de pān yuán jīng
葡萄的攀援茎

zhí gēn xì hé xū gēn xì
直根系和须根系

zhí gēn xì shì yóu cū zhuàng fā dá de zhǔ gēn zhǔ gēn shang zhǎng chū de cè gēn jí cè gēn shang
直根系是由粗壮发达的主根、主根上长出的侧根及侧根上
de xì gēn zǔ chéng de rú dà dòu de gēn xū gēn xì shì yóu yī dà cù cū xì chà bù duō de gēn
的细根组成的，如大豆的根。须根系是由一大簇粗细差不多的根
zǔ chéng hǎo sì luàn péng péng de hú xū yù mǐ shuǐ dào děng de gēn dōu shǔ yú xū gēn xì
组成，好似乱蓬蓬的胡须。玉米、水稻等的根都属于须根系。

yù mǐ de xū gēn xì
▲ 玉米的须根系

gēn de zuòyòng
根的作用

zhí wù de gēn yī bān yǒu liǎng zhǒng zuò yòng yī shì gù dìng zhí zhū shǐ qí jiù xiàng wú shù shuāng jiǎo zhuǎ láo láo de zhuā zhù ní tǔ èr shì xī shōu shuǐ fèn hé róng jiě zài shuǐ zhōng de yǎng liào
植物的根一般有两种作用：一是固定植株，使其就像无数双脚爪，牢牢地抓住泥土；二是吸收水分和溶解在水中的养料。

biàn tài jīng
变态茎

zài dì xià de jīng dōu shì biàn tài jīng tā men de xíng tài hé gōng néng dōu fā shēng le biàn huà
在地下的茎都是变态茎，它们的形态和功能都发生了变化。
biàn tài jīng fēn wéi gēn jīng kuài jīng lín jīng hé qiú jīng dài biǎo zhí wù rú tǔ dòu yáng cōng hé
变态茎分为根茎、块茎、鳞茎和球茎，代表植物如土豆、洋葱和
bí qí
荸荠。

zhú zi de dì shàng jīng
▼ 竹子的地上茎

小知识

zhú zi hé yī bān zhí wù yǒu diǎn bù tóng tā men de jīng jiān yǒu dì shàng jīng hé dì xià jīng
竹子和一般植物有点不同，它们的茎兼有地上茎和地下茎。

yè zi
叶子

zhí wù de yè piàn yóu biǎo pí yè ròu hé yè mài sān bù fen zǔ chéng biǎo pí bāo zài yè zi de zuì wài miàn qǐ bǎo hù de zuò yòng yè mài shì chuán shū xì tǒng jù yǒu shū dǎo hé zhī chí de zuò yòng yè zi duì yú zhí wù de zuò yòng zhǔ yào tǐ xiàn zài guāng hé zuò yòng hé zhēng téng zuò yòng shang

植物的叶片由表皮、叶肉和叶脉三部分组成。表皮包在叶子的最外面，起保护的作用。叶脉是传输系统，具有输导和支持的作用。叶子对于植物的作用主要体现在光合作用和蒸腾作用上。

hán xiū cǎo de yǔ zhuàng fù yè
▲含羞草的羽状复叶

dān yè hé fù yè
单叶和复叶

yè piàn kě yǐ fēn wéi dān yè hé fù yè liǎng lèi měi gè yè bǐng shang zhǐ yǒu yī piàn yè zi de jiào dān yè rú yáng shù de yè zi zhǎng yǒu liǎng piàn huò gèng duō yè piàn de jiào fù yè rú hán xiū cǎo de yǔ zhuàng fù yè

叶片可以分为单叶和复叶两类，每个叶柄上只有一片叶子的叫单叶，如杨树的叶子；长有两片或更多叶片的叫复叶，如含羞草的羽状复叶。

wán zhěng de yè zi
完整的叶子

yī piàn wán zhěng de yè zi bāo kuò yè piàn yè bǐng hé tuō yè sān bù fen yè piàn shì zhǔ tǐ bù fen tā fù zé xī shōu yáng guāng tiáo jié zhí wù tǐ nèi shuǐ fèn hé wēn dù yè bǐng shì lián jiē yè piàn yǔ jīng jié de bù fen tuō yè zé shì zhǎng zài yè bǐng jī bù liǎng cè de xì xiǎo bù fen yòng lái bǎo hù yòu yè róng yì zǎo luò

一片完整的叶子包括叶片叶柄和托叶三部分。叶片是主体部分，它负责吸收阳光，调节植物体内水分和温度。叶柄是连接叶片与茎节的部分。托叶则是长在叶柄基部两侧的细小部分，用来保护幼叶，容易早落。

cǎi sè de shù yè
▲彩色的树叶

“绿色工厂”

植物通过叶子上的气孔从空气中吸入二氧化碳，通过根从土壤中吸收水分，然后又把水分输送给叶子。二氧化碳和水分在叶绿体中相遇，在阳光的照射下转化成淀粉等营养物质，供植物生长用。因此说，树叶是植物的绿色工厂。

奇异的色彩

叶子通常都是绿色的，衰老时会变得枯黄。但是枫树的绿叶，到了秋天竟变成红色。原来，叶子里除了含有绿色的叶绿素以外，还含有橙黄色的胡萝卜素和黄色的叶黄素。它们的比例和对光的选择性吸收造成了叶子的颜色变化。

◀ 仙人掌叶子退化成针刺状，可以大大减少水分蒸腾的面积

小知识

并不是每种植物都有叶子的，像苔藓、藻类、地衣就没有叶子。

仙人掌叶子

仙人掌的叶子非常奇特。乍一看，似乎仙人掌是没有叶子的。其实，它的叶子就是退化成针的刺。

guǒ shí hé zhǒng zi
果实和种子

guǒ shí hé zhǒng zi suàn shì zhí wù de jīng huá bù fen guǒ shí shì zhí wù de huā jīng guò chuán
果实和种子算是植物的精华部分。果实是植物的花经过传
fěn shòu jīng hòu yóu cí ruǐ de mǒu yī bù fen fā yù ér chéng de qì guān bù fen zhí wù de guǒ
粉受精后，由雌蕊的某一部分发育而成的器官，部分植物的果
shí shì kě yǐ shí yòng de zài guǒ shí de wài biǎo tōng cháng yǒu guǒ pí bāo guǒ zài guǒ pí lǐ
实是可以食用的。在果实的外表，通常有果皮包裹，在果皮里
miàn zé shì yòng lái chuán zōng jiē dài de zhǒng zi
面，则是用来传宗接代的种子。

yíng yǎng fēng fù de shuǐ guǒ
营养丰富的水果

shuǐ guǒ shì wǒ men zuì cháng shí yòng de
水果是我们最常食用的
guǒ shí tā fù hán fēng fù de wéi shēng sù
果实，它富含丰富的维生素
hé duō zhǒng bì xū de wēi liàng yuán sù shì
和多种必需的微量元素，是
rén tǐ yíng yǎng de zhǔ yào lái yuán zhī yī
人体营养的主要来源之一。

xìng
▲杏

xìng rén
▲杏仁

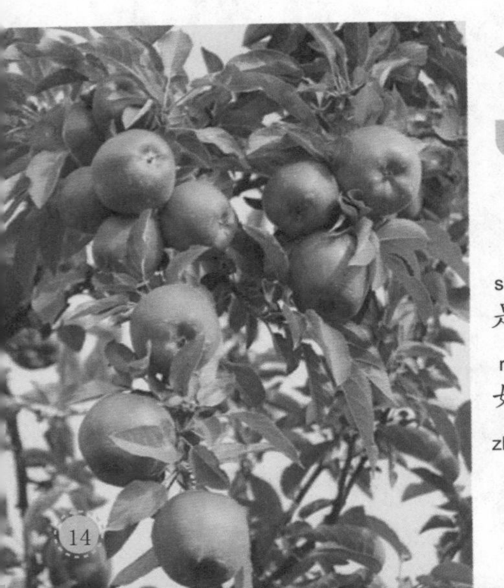

píng guǒ shù
◀苹果树

yī shù bù tóng guǒ
一树不同果

yī bān yī kē shù zhǐ néng jiē yī zhǒng guǒ shí dàn
一般一棵树只能结一种果实。但
shì jià jiē hòu de guǒ shù jiù néng jiē chū bù tóng de guǒ shí
是，嫁接后的果树就能结出不同的果实。
rú bǎ píng guǒ shù de shù zhī jià jiē dào táo shù shang jiù huì
如把苹果树的树枝嫁接到桃树上，就会
zhǎng chū bù tóng yú píng guǒ hé táo zi de xīn guǒ shí lái
长出不同于苹果和桃子的新果实来。

掉落的果实

牛顿被掉下树的苹果砸到后，发现了万有引力。其实，如果果实成熟后没来得及采摘，支撑它们生长的藤就开始枯萎死亡，果实自己就会掉下来。

种子的组成

种子由胚、胚乳和种皮三部分组成。最外面的一层是对种子起保护作用的种皮；中间是含有营养物质的胚乳，最里面一层是可以发芽长大的胚。

小知识

在植物王国里，花生很特别。它是地上开花，地下结果的植物。

▲ 蒲公英

植物的“命根子”

对于植物体来说，种子是贮藏养料最丰富的地方，是植物的“命根子”。每种植物都有让自己种子“旅行”的特殊本领，使得种子可以广为传播，植物也就得以处处安家。

裸子植物

植物王国当中，有一类植物用来繁育后代的种子是没有被果皮包着的，我们把这些裸露着种子的植物称为“裸子植物”。裸子植物是原始的种子植物，主要分为苏铁纲、银杏纲、松柏纲、买麻藤纲4大纲目。

用种子繁殖

裸子植物出现于古生代，中生代最为繁盛，后来由于环境的变化，逐渐衰退。裸子植物的优越性主要表现在用种子繁殖上，它是地球上最早用种子进行有性繁殖的植物。

▼ 银杏是裸子植物的代表，生长较慢，寿命极长

无花无果

裸子植物是种子植物中较低级的一类。它们都是木本，多数为直根系，主要是风媒传粉。裸子植物没有真正的花，也不形成果实。

小知识

裸子植物云杉是中国特有的树种，它们大部分分布在中国西部。

▶ 落叶松又称“黄花松”

针叶林

针叶树一般是由裸子植物组成，针叶林树木的叶子大多尖尖的，很细小，像针一样，所以得名。一般来讲，针叶林是寒温带的地带性植被，是分布最靠北的森林。其中松树、柏树和杉树等都是常见的针叶树树种，它们的外形像一座尖尖的三角形宝塔。

森林中的大多数

裸子植物在当今占据了大约80%的地球森林资源，但种类只有800多种，是植物界中种类最少的。

▼ 铁树

铁树开花

铁树是现存于地球上最古老的种子植物，多生长在热带地区。这种植物在气温、水肥适宜条件下，需20年左右才会开花，因开花时间过久，所以有“千年铁树一开花”之说。

bèi zǐ zhí wù
被子植物

bèi zǐ zhí wù de zhǒng zi wài yǒu guǒ pí bāo bèi zhe yīn ér chēng bèi zǐ zhí wù bèi zǐ zhí wù shì zhí wù jiè zuì gāo jí de yī lèi zhí wù yóu luǒ zǐ zhí wù jìn huà ér lái gēn jù pēi de zǐ yè shù mù kě jiāng qí fēn wéi dān zǐ yè zhí wù hé shuāng zǐ yè zhí wù liǎng dà gāng mù

被子植物的种子外有果皮包被着，因而称被子植物。被子植物是植物界最高级的一类植物，由裸子植物进化而来。根据胚的子叶数目，可将其分为单子叶植物和双子叶植物两大纲目。

zhí wù jiè de qiángzhě
植物界的强者

bèi zǐ zhí wù shǔzhǒngduō shùliàng dà zì xīn shēng dài yǐ lái yī zhí jū yú zhí wù jiè de yōu shì dì wèi bèi zǐ zhí wù jù yǒuzhēnzhèng de huā qiě xíngchéngguǒ shí zhǒng zi bāo zài guǒ pí lǐ zài fán zhí de guòchéngzhōngnéngshòudàogènghǎo de bǎo hù shǐ dé bèi zǐ zhí wù shì yìnghuán jìng de néng lì gèngqiáng

被子植物属种多、数量大，自新生代以来一直居于植物界的优势地位。被子植物具有真正的花且形成果实；种子包在果皮里，在繁殖的过程中能受到更好的保护，使得被子植物适应环境的能力更强。

jié gěnghuā
桔梗花

jié gěng shì shuāng zǐ yè zhí wù huā duǒ hán bāo shí rú sēngmào kāi hòu sì língdang tā de gēn wéi zhù míngzhōngyào kě yī zhì shāngfēng ké sou

桔梗是双子叶植物，花朵含苞时如僧帽，开后似铃铛。它的根为著名中药，可医治伤风、咳嗽。

jié gěnghuā
▼桔梗花

单子叶和双子叶

单子叶植物大部分为草本植物，只有一片子叶，包括稻、麦、竹、甘蔗等。双子叶植物有两片子叶，包括了几乎所有的乔木，此外还有许多蔬菜、纤维类以及油类植物。

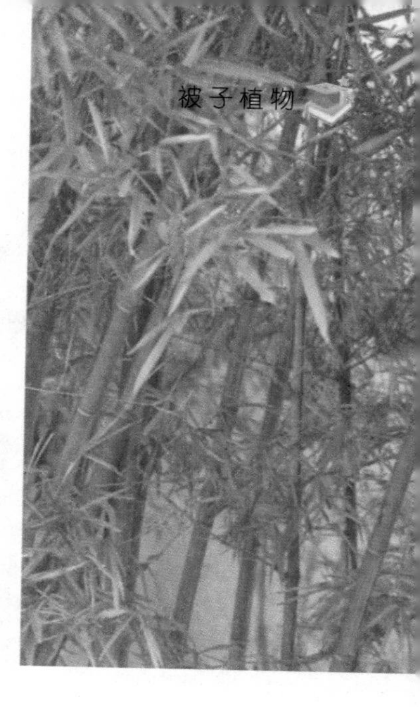

▶ 竹子是单子叶植物

小知识

被子植物的外形差异很大，有参天大树也有娇嫩小草。

有花的种子植物

被子植物与裸子植物都属于种子植物。但是，被子植物有一个与外界隔离的子房。此外，被子植物还有真正意义上的花。

菊科植物

菊科是被子植物中种类最多的一科。它最重要的特征是由许多小花簇拥在一起形成美丽的头状花序，使昆虫很容易发现传粉的目标。

▼ 向日葵

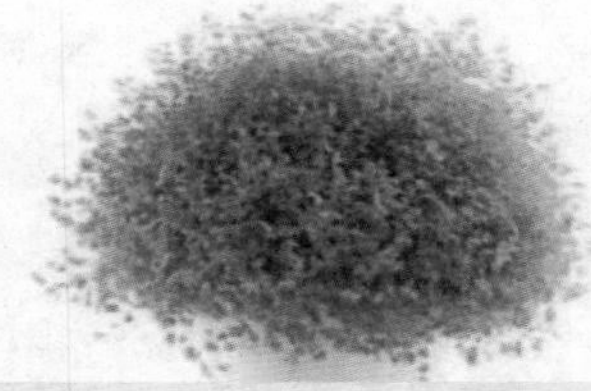

tái xiǎn zhí wù
苔藓植物

tái xiǎn zhí wù shì yī lèi fēi cháng dī děng de zhí wù tā men méi yǒu zhēnzhèng de gēn yě
苔藓植物是一类非常低等的植物。它们没有真正的根，也
méi yǒu huā hé guǒ shí jīng yóu bāo zǐ lái fán zhí tā men yī bān shēngzhǎng zài yīn shī de tǔ
没有花和果实，经由孢子来繁殖。它们一般生长在阴湿的土
dì yán shí cháo shī de shù gàn hé bèi yīn de qiáng bì shang jìng jìng de zhàn fàng chū shǔ yú zì
地、岩石、潮湿的树干和背阴的墙壁上，静静地绽放出属于自
jǐ de dú tè mèi lì
己的独特魅力。

tè zhēng míng xiǎn
特征明显

tái xiǎn zhí wù shì yī qún xiǎo xíng de duō xì bāo lǜ sè zhí wù zuì gāo yě zhǐ yǒu shù shí lí
苔藓植物是一群小型的多细胞绿色植物，最高也只有数十厘
mǐ tā men yī bān dōu yǒu jīng hé yè dàn méi yǒu zhēnzhèng de gēn méi yǒu huā duǒ yě bù zhì
米。它们一般都有茎和叶，但没有真正的根，没有花朵，也不制
zào zhǒng zi cǐ wài tā men hái quēshǎo yùn shū shuǐ fèn de wéi guǎn shù suǒ yǐ duō shù dōu xǐ huan
造种子。此外，它们还缺少运输水分的维管束，所以多数都喜欢
zhǎng zài yīn shī de huán jìng zhōng
长在阴湿的环境中。

shēng zhǎng zài cháo shī shù gàn shang de tái lèi zhí wù
▼生长在潮湿树干上的苔类植物

小知识

xiāo dú hòu de ní tàn
消毒后的泥炭
xiǎn hái yǒu yī zhǒng tè shū
藓还有一种特殊
de zuò yòng tā men kě yǐ
的作用，它们可以
yòng lái dài tì yào mián
用来代替药棉。

◀ 生长在阴湿环境中的葫芦藓

植物界的拓荒者

生于岩石上的苔藓植物，能分泌酸性物质，溶解岩面；自身枯死后积累的有机质还能为其他植物创造生存条件。因此，它们堪称是植物界的拓荒者。

特殊的“容器”

苔藓的孢蒴像一个加盖子的小容器，里面装满了成熟的孢子，孢蒴成熟后，上面的盖子会自动打开，孢子便飞了出去。

苔藓植物的分类

苔藓植物可以分为苔和藓两大类。苔类植物的身体通常呈扁平状，贴着地面生长，多呈绿色；藓类植物则大多数都有略为明显的茎和叶子，笔直地向上生长着，除了绿色还有灰绿色和紫黑色。

▲ 矮小的苔藓植物

jué lèi zhí wù 蕨类植物

jué lèi zhí wù shì méi yǒu huā de zhí wù dàn tā shì suǒ yǒu yī kào bāo zǐ jìn xíng fán zhí de zhí wù zhōng zuì gāo děng zuì jìn huà de yī lèi cháng jiàn de jué lèi zhí wù yǒu shèn jué mǎn jiāng hóng tiě xiàn jué děng tā men jué dà duō shù shēng huó zài rè dài yǔ lín dì qū

蕨类植物是没有花的植物，但它是所有依靠孢子进行繁殖的植物中最高等、最进化的一类。常见的蕨类植物有：肾蕨、满江红、铁线蕨等，它们绝大多数生活在热带雨林地区。

bèi chēng wéi jué lèi zhī wáng de suō luó

▲被称为“蕨类之王”的桫椤

yáng chǐ zhí wù 羊齿植物

jué lèi zhí wù shì dì qiú shang zuì zǎo chū xiàn de lù shēng zhí wù lèi qún jù yǒu yì duō nián de yōu jiǔ lì shǐ yóu yú jué lèi zhōng de xǔ duō zhǒng lèi yè piàn xì liè rú yáng chǐ suǒ yǐ yòu bèi guǎng fàn de chēng wéi yáng chǐ zhí wù

蕨类植物是地球上最早出现的陆生植物类群，具有4亿多年的悠久历史。由于蕨类中的许多种类叶片细裂如羊齿，所以又被广泛地称为“羊齿植物”。

wài bù xíng tài 外部形态

zài wài bù xíng tài shang jué lèi zhí wù yī bān dōu zhǎng zhe quán tóu bān juǎn qū de yòu yè yè bèi shang yǒu xǔ duō zōng sè chóng luǎn zhuàng de jié gòu tè bié shì zài yè bǐng jī bù hái yǒu yī xiē zōng sè pī zhēn xíng de máo zhuàng jié gòu

在外部形态上，蕨类植物一般都长着拳头般卷曲的幼叶，叶背上有许多棕色虫卵状的结构，特别是在叶柄基部还有一些棕色披针形的毛状结构。

小知识

铁线蕨的名字源于它的叶柄细长坚硬似铁线。

▲铁线蕨是多年生常绿草本植物，由于其畏干燥及强烈光照，须放置到没有阳光直射的地方养护。

肾蕨

肾蕨也称“蜈蚣草”，原产于热带及亚热带地区。它是多年生草本植物，叶子翠绿光滑，四季常青，是制作花篮和插花极好的配叶材料。

满江红

满江红是生长在水田或池塘中的小型浮水植物。春季时为绿色，在水面上长成一大片，秋后叶色变红，形成大片水面被染红的景观，故名满江红。

无处不在

除了大海里、深水底层、寸草不生的沙漠和长期冰封的陆地外，蕨类植物几乎无处不在。它们有的长在石头缝隙或石壁上，有的在地表匍匐或直立生长。

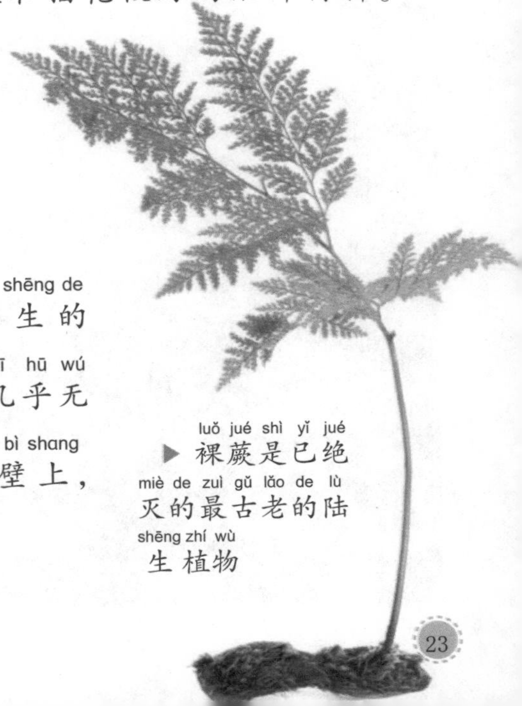

▶裸蕨是已绝灭的最古老的陆生植物

zǎo lèi zhí wù
藻类植物

zǎo lèi shì dì qiú shang zuì zǎo chū xiàn de zhí wù wǒ men jīn tiān suǒ kàn dào de zhí wù
藻类是地球上最早出现的植物。我们今天所看到的植物，
dà bù fen dōu shì yóu zǎo lèi zhí wù jìn huà fā zhǎn ér lái de zǎo lèi zhí wù suī rán jié gòu
大部分都是由藻类植物进化、发展而来的。藻类植物虽然结构
jiǎn dān bù huì kāi huā jiē guǒ shèn zhì quē fá zhēnzhèng de gēn jīng yè dàn tōng tǐ dōu
简单，不会开花结果，甚至缺乏真正的根、茎、叶，但通体都
néng jìn xíngguāng hé zuò yòng shì dà qì zhōngyǎng qì de zhòngyào lái yuán
能进行光合作用，是大气中氧气的重要来源。

shēnghuóhuánjìng 生活环境

zǎo lèi dà duōshēnghuó zài shuǐzhōng shǎoshùshēnghuó zài cháo shī de tǔ rǎng yán shí bì hé
藻类大多生活在水中，少数生活在潮湿的土壤、岩石壁和
shù pí děngchù yǒu xiē zǎo lèi hái kě shēng yú jī
树皮等处。有些藻类还可生于积
xuě xiàn yǐ shàng hái yǒu yī xiē zǎo lèi yǔ mǒu xiē
雪线以上，还有一些藻类与某些
zhēn jūn tái xiǎn jué lèi yǐ jí luǒ zǐ zhí wù
真菌、苔藓、蕨类以及裸子植物
gòng shēng shèn zhì yǒu jí shǎo shù hái hé cǎo lǚ
共生，甚至有极少数还和草履
chóng hǎi kuí děngdòng wù gòngshēng
虫、海葵等动物共生。

jù zǎo shì xiàng cǎo yī yàng de hǎi shēng zhí wù
◀ 巨藻是像草一样的海生植物

小知识

guī zǎo fēn bù guǎng fàn zhǒng lèi fán duō yǒu hǎi yáng de cǎo yuán zhī chēng
硅藻分布广泛，种类繁多，有海洋的“草原”之称。

bā dà lèi bié
八大类别

gēn jù yán sè xíngzhuàng shēng zhí fāng shì děng tè zhēng xiàn dài xué zhě bǎ zǎo lèi dà gài fēn
根据颜色、形状、生殖方式等特征，现代学者把藻类大概分
wéi dà lèi bié qí zhōng yǐ lǜ zǎo hóngzǎo hé hè zǎo zuì wéichángjiàn
为8大类别，其中以绿藻、红藻和褐藻最为常见。

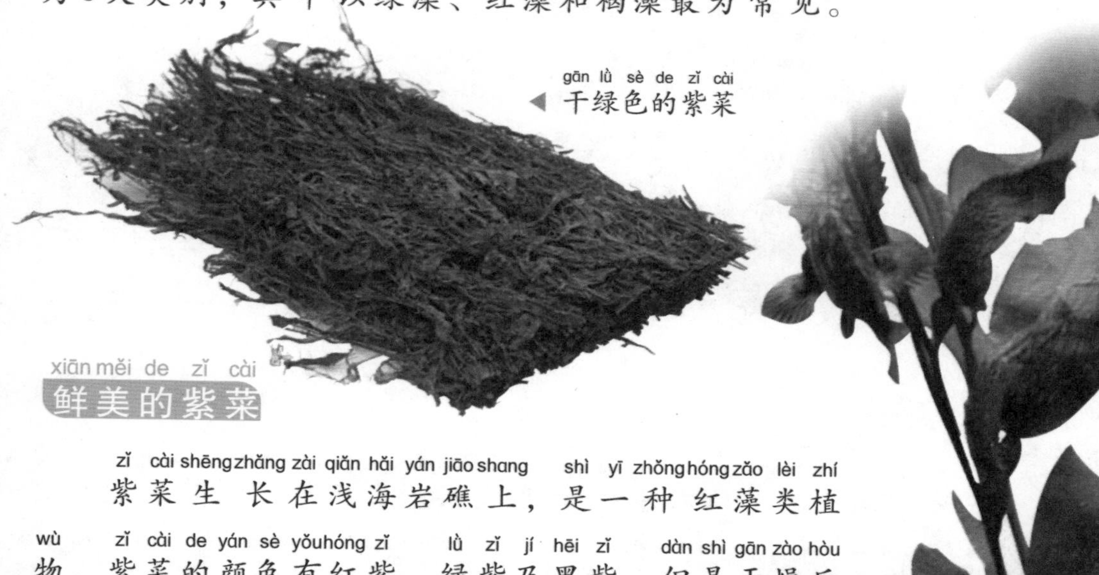

gān lǜ sè de zǐ cài
干绿色的紫菜

xiān měi de zǐ cài
鲜美的紫菜

zǐ cài shēngzhǎng zài qiǎn hǎi yán jiāo shang shì yī zhǒnghóngzǎo lèi zhí
紫菜生长在浅海岩礁上，是一种红藻类植
wù zǐ cài de yán sè yǒuhóng zǐ lǜ zǐ jí hēi zǐ dàn shì gān zào hòu
物。紫菜的颜色有红紫、绿紫及黑紫，但是干燥后
quándōu huì chéngxiàn chū zǐ sè zǐ cài wèi dào xiān měi yíngyǎngfēng fù shēn
全都会呈现出紫色。紫菜味道鲜美，营养丰富，深
shòu rén men de huānyíng
受人们的欢迎。

hǎi dài
海带

hǎi dài
海带

wǒ menpíngcháng shí yòng de hǎi dài jiù shì hè zǎo
我们平常食用的海带，就是褐藻
lèi de yī zhǒng hǎi dài shēngzhǎng zài hǎi dǐ de
类的一种。海带生长在海底的
yán shí shang xíngzhuàngxiàng dài zi tā
岩石上，形状像带子，它
de hán diǎnliàng zài suǒ yǒu shí wù zhōngmíng
的含碘量在所有食物中名
liè dì yī hàochēng diǎn de cāng kù
列第一，号称“碘的仓库”。

dì yī zhí wù
地衣植物

zài hǎi bá jǐ bǎi mǐ shèn zhì jǐ qiān mǐ de gāo shān yán shí shang cháng bàn yǒu huáng lǜ sè
在海拔几百米甚至几千米的高山岩石上，常伴有黄绿色、
huī sè jú hóng sè hè sè de bān diǎn zhè jiù shì dì yī dì yī zhí wù shì zhēn jūn hé
灰色、橘红色、褐色的斑点，这就是地衣。地衣植物是真菌和
zǎo lèi gòng shēng de yī lèi tè shū zhí wù wú gēn jīng yè de fēn huà néng shēng huó zài gè
藻类共生的一类特殊植物。无根、茎、叶的分化，能生活在各
zhǒng huán jìng zhōng bèi chēng wéi zhí wù jiè de tuò huāng xiān fēng
种环境中，被称为“植物界的拓荒先锋”。

dì yī de gòu zào
地衣的构造

zài dì yī jié gòu zhōng dì yī tǐ de shàng xià pí céng jūn yóu jūn sī jiāo zhī ér chéng yǒu de
在地衣结构中，地衣体的上下皮层均由菌丝交织而成。有的
dì yī tǐ jié gòu bǐ jiào fù zá fēn wéi shàng pí céng guāng hé shēng wù céng suǐ céng xià pí
地衣体结构比较复杂，分为上皮层、光合生物层、髓层、下皮
céng hé jiǎ gēn yǒu de dì yī tǐ jiē guǒ céng cì bǐ jiào jiǎn dān zhǐ yǒu shàng xià pí céng hé zhōng jiān
层和假根。有的地衣体结果层次比较简单，只有上下皮层和中间
de jūn sī zǔ zhī
的菌丝组织。

dì yī de yī zhǒng
▲地衣的一种

dòng wù sì liào
动物饲料

wǒ guó dōng běi dà xīng ān lǐng de
我国东北大兴安岭的
è wēn kè zú hé běi ōu de yī xiē guó
鄂温克族和北欧的一些国
jiā hé dì qū rén men bǎ dì yī xiàng
家和地区，人们把地衣像
gē cǎo yī yàng shōu gē qǐ lái zuò wéi
割草一样收割起来，作为
sì yǎng dòng wù de dōng jì sì liào
饲养动物的冬季饲料。

shēngcúnhuánjìng
生存环境

dì yī kě yǐ shēnghuó zài gān hàn hé hánlěng de
地衣可以生活在干旱和寒冷的
huánjìngzhōng dà duō shù dì yī dōu shì xǐ guāng zhí wù
环境中。大多数地衣都是喜光植物，
tóng shí tā men de shēngcún hái xū yào xīn xiānkōng qì
同时它们的生存还需要新鲜空气，
yīn cǐ zài rén yān mì jí de chéng shì huò yǒu wū rǎn
因此，在人烟密集的城市或有污染
de gōng yè qū hěn nán jiàn dào dì yī zhí wù
的工业区很难见到地衣植物。

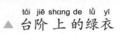

tái jiē shang de lǜ yī
▲台阶上的绿衣

小知识

dì yī zhí wù néng fēn mì dì yī suān fǔ shí yán shí cù jìn yán shí biàn wéi tǔ rǎng
地衣植物能分泌地衣酸，腐蚀岩石，促进岩石变为土壤。

dì yī de fēn lèi
地衣的分类

quán shì jiè yuē yú zhǒng dì yī zhí wù àn tā de xíng
全世界约25000余种地衣植物，按它的形
tài jī běn kě fēn wéi jù yǒu sè cǎi de ké zhuàng dì yī chéng yè
态，基本可分为具有色彩的壳状地衣、呈叶
piànzhuàng de yè zhuàng dì yī yǐ jí zhí lì huò xià chuíshēngzhǎng de zhī
片状的叶状地衣以及直立或下垂生长的枝
zhuàng dì yī
状地衣。

shēnfèn mó hú
身份模糊

dì yī bù néngsuàn shì yán gé yì yì shang de zhí wù yīn wèizhēn jūn zhàn le dì yī gòuchéng
地衣不能算是严格意义上的植物，因为真菌占了地衣构成
de dà bù fen dà duō shù dì yī shù nián cái zhǎngdào jǐ lí mǐ dàn tā men de shòumìngquè jí cháng
的大部分。大多数地衣数年才长到几厘米，但它们的寿命却极长。

植物的活动

植物作为自然界生物的一分子，也有各自的生命活动，它们以各异的形态、不同的方式在地球上已经生活了数亿年，在这期间，它们经受重重考验，一代又一代地生息繁衍着，用特殊的方式传递着自己的生命。对于植物来说，它们生命的基础就是细胞，自此基础上才能萌芽、生长，进行必要的光合作用和呼吸作用，补充机体的营养，来满足自身的不断发展。

植物的一生

动物在发育成熟后，会保持一定的体型不再长大，而植物则不断地生长，直到死亡。植物从种子萌发到枯萎死亡，可算做一个生命周期。总体来说，它们的生命周期有长有短，一生也充满传奇。

一年生植物

有的植物在一年或者更短的时间内，就完成了生命的全过程。它们的生命周期从种子萌发开始，然后形成幼苗，经生长发育后，开花、授粉，然后产生新一代的果实、

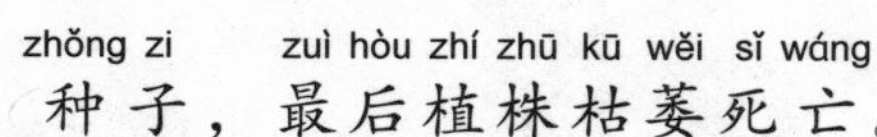

种子，最后植株枯萎死亡。

> 小知识
>
> 一年生植物通常会开出更多的花朵，因而更适合园艺栽培。

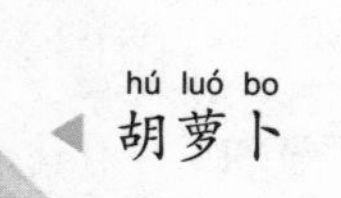

◀ 胡萝卜

二年生植物

有些植物在两个生长季节内完成其发芽、生长、开花、结果、死亡的全过程，它们被称为二年生植物，比如胡萝卜和甜菜等。

桃树的一生

桃树是喜光的树种，分枝力强，生长快，它的生命周期一般为20～50年。它的树龄越大，枝杈越多，树冠也越大。

▶ 惹人喜爱的桃花

玉米的一生

玉米是一年生禾本科草本植物，也是全世界总产量最高的粮食作物。大多数的玉米都是春天播种、秋天收获的。

多年生植物

那些寿命较长，能活3年以上的植物叫多年生植物。它们从种子萌发到长出幼苗，再经过几年的营养生长，才能发育成熟，开花结果。

méng yá
萌芽

zhǒng zi méng yá shì shēngmìng fā zhǎn de zuì chū jiē duàn yě shì zhí wù shēngzhǎngguòchéngzhōng
种子萌芽是生命发展的最初阶段，也是植物生长过程中
zuì yǒu huó lì de jiē duàn zhǒng zi méng yá xū yào jǐ gè qián tí hé shì de huán jìng bì yào
最有活力的阶段。种子萌芽需要几个前提，合适的环境、必要
de guāng shuǐ wēn dù hé yǎng qì děng dōu shì ràngzhǒng zi kāi shǐ xīn shēngmìng de bì yào tiáo jiàn
的光、水、温度和氧气等都是让种子开始新生命的必要条件。

méng yá tiáo jiàn
萌芽条件

yī lì zhǒng zi yàoméng yá jù tǐ lái shuō hái
一粒种子要萌芽，具体来说还
xū yào mǎn zú liǎng gè tiáo jiàn yī shì zì shēntiáo jiàn
需要满足两个条件：一是自身条件，
yāo qiú zhǒng zi bǎomǎn bìng jù yǒu wánzhěng de pēi èr
要求种子饱满，并具有完整的胚；二
shì huánjìng tiáo jiàn yī lì bǎomǎn de zhǒng zi bì xū zài
是环境条件，一粒饱满的种子必须在
shì yí tā shēngzhǎng de huánjìngzhōng cái huì fā yá
适宜它生长的环境中才会发芽。

píngguǒ shù fā yá
◀ 苹果树发芽

shuǐ fèn yào qiú
水分要求

yī bānzhǒng zi yào xī shōu tā zì shēnzhòngliàng de
一般种子要吸收它自身重量的25%～
huògèngduō de shuǐ fèn cái néngméng fā shuǐ fèn chōng zú zhǒng
50%或更多的水分才能萌发。水分充足种
zi nèi de yíngyǎng wù zhì cái néngróng jiě gōng pēi xī shōu lì yòng
子内的营养物质才能溶解，供胚吸收利用。

小知识

hóng shù de zhǒng zi
红树的种子
zài méi yǒu tuō lí mǔ tǐ shí
在没有脱离母体时
jiù yǐ jīng fā yá le
就已经发芽了。

萌芽阶段

种子萌芽可以分3个阶段：吸水膨胀、萌发和出苗。经过这三个阶段，一颗种子就会变成一株能独立生活的幼小植物体，也就是幼苗。

▼种子在慢慢发芽

旺盛的生命力

新长出的幼苗看上去很柔弱，但是却蕴藏着顽强的生命力。一棵幼苗破土而出时，甚至可以顶翻压在它上面的一块大石头。

顽强的种子

20世纪60年代，考古学家在死海附近发现了几颗被保存了40年的种子。2005年，人们将其中3颗种子埋入土里。其中一颗居然慢慢发芽，如今已经长成一棵一米多高的小树。

zhǒng zi de chuán bō
种子的传播

pú gōng yīng jiè zhù fēng de lì liàng jiāng zhǒng zi sòng dào yuǎn fāng luò dì shēng gēn cāng ěr zhǒng
蒲公英借助风的力量，将种子送到远方落地生根；苍耳种
zi zhān zài jīng guò de xiǎo dòng wù shēn shang lí kāi shēng zhǎng de dì fang tā men de zhè xiē xíng
子粘在经过的小动物身上，离开生长的地方。它们的这些行
wéi dōu shì wèi le jiāng zì jǐ de zhǒng zi chuán bō chū qù fán yǎn chū xià yī dài
为，都是为了将自己的种子传播出去，繁衍出下一代。

zì tǐ chuán bō
自体传播

yī xiē zhí wù de zhǒng zi yī kào zì shēn chuán bō zhǒng zi bèi chēng wéi zì tǐ chuán bō zhè
一些植物的种子依靠自身传播种子，被称为自体传播。这
zhǒng zhí wù de guǒ shí huò zhǒng zi běn shēn jù yǒu zhòng liàng chéng shú hòu guǒ shí huò zhǒng zi huì yīn
种植物的果实或种子本身具有重量，成熟后，果实或种子会因
zhòng lì zuò yòng zhí jiē diào luò dì miàn suí zhe shí jiān de liú shì ér màn màn fǔ làn jìn rù tǔ rǎng
重力作用直接掉落地面，随着时间的流逝而慢慢腐烂进入土壤，
dài dào lái nián zài fā yá jiē guǒ
待到来年再发芽、结果。

pú gōng yīng
◀ 蒲公英

jiè fēng chuán bō
借风传播

tōng guò fēng lì chuán bō zhǒng zi de zhí wù yī bān
通过风力传播种子的植物，一般
lái shuō tā men de zhǒng zi duō bàn xì xiǎo qīng yíng néng
来说，它们的种子多半细小轻盈，能
gòu xuán fú zài kōng qì zhōng bèi fēng dài dào hěn yuǎn de dì
够悬浮在空气中，被风带到很远的地
fang pú gōng yīng yáng shù liǔ shù děng zhí wù de zhǒng
方。蒲公英、杨树、柳树等植物的种
zi jiù shì zhè zhǒng chuán bō fāng shì de diǎn xíng dài biǎo
子就是这种传播方式的典型代表。

▲ 大豆

喷射传播

在夏末初秋时，当你走进野草丛生的山野，时常会听到“噼啪”“噼啪”的响声，有时甚至会受到突然袭击。原来这是一些植物的果实已经成熟，由于果皮的爆裂，产生出一种弹力，把种子弹射出去。以这种方式传播种子的植物有大豆、绿豆和豌豆等。

靠水传播

生长在水里或水边的植物，大多是靠水来传播种子的。例如，当椰子的果实成熟后掉在海里，它就像皮球一样漂在水面上，一轮一轮的海潮会把它冲到岸上，生根发芽，长出新的小椰子树。

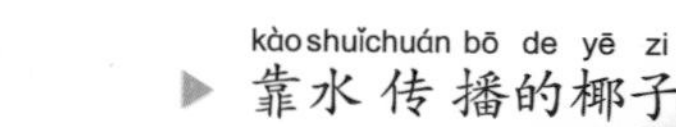

▶ 靠水传播的椰子

小知识

睡莲的果实成熟后，慢慢沉入水底。

植物的成长

每当春天来临时，植物体内的活动转为旺盛。树木纷纷发芽，绿叶一片片地扩展开来，种子也冲破外壳，开始它们的新生活。等种子长成一株幼苗后，植物的成长就表现出来了，茎在加粗，高度在增加，根和叶也同时在生长。

◀到了秋天，银杏叶就变黄了

成长条件

自然界有那么多种植物，每种植物生长所需的环境都是不同的。但阳光、水分、温度、土壤和生长空间等都会影响植物的生长。

叶的生长

植物的叶子是由叶原基发育而成的。叶原基形成后，下部发育为托叶，上部发育为叶片与叶柄。

小知识

对一些植物播放适当的音乐，会促进它们的生长。

芽的生长

植物的主干和侧枝都是由芽发育成的：主干通常是由种子的胚芽发育成的；侧枝是由主干上的芽发育成的。多年生植物的芽，一般在春季展开，随即又开始形成新芽，新芽到第二年春季才展开。

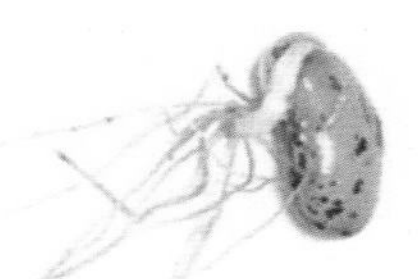
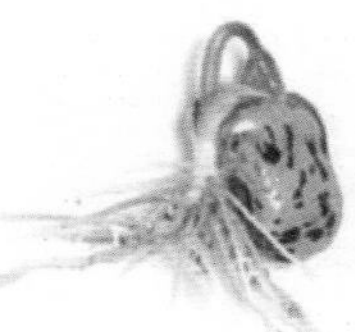

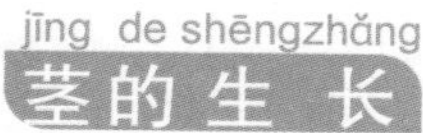

茎的生长

植物的茎，支撑着整个植物体。茎生长最显著的部分是它的顶端会不断地延伸，因为茎的顶端是生长点所在的增生组织，新的细胞会在这里不断被制造出来。如果茎部的生长点受到伤害，那么茎的生长就会停止，但是不久之后，从伤口处还会长出许多分枝。

kāi huā jiē guǒ
开花结果

xǔ duō zhí wù zài chéngzhǎng dào yī dìng jiē duàn shí jiù huì zhànfàng chū měi lì de huā duǒ
许多植物在成长到一定阶段时，就会绽放出美丽的花朵，
jì ér zài jiē chū guǒ shí qí shí kāi huā hé jiē guǒ xiànxiàng shì xǔ duō gāo děng zhí wù fán yǎn
继而再结出果实。其实，开花和结果现象是许多高等植物繁衍
xià yī dài de zhòngyào huán jié shì zì rán jiè shēngshēng bù xī de zhòngyào shǒuduàn
下一代的重要环节，是自然界生生不息的重要手段。

wǔ yán liù sè de huā
五颜六色的花

zhí wù de huā wǔ yán liù sè ràng rén yǎn huā liáo luàn huā de yán sè shì yóu huā bàn xì bāo
植物的花五颜六色，让人眼花缭乱。花的颜色是由花瓣细胞
lǐ de sè sù jué dìng de yǔ huā de yán sè yǒuguān de sè sù zhǔ yào shì huāqīng sù hé lèi hú luó
里的色素决定的。与花的颜色有关的色素主要是花青素和类胡萝
bo sù tā men de zhǒng lèi hánliàng jí suānjiǎn dù děng yīn sù de gòngtóng zuòyòng xíngchéng le huā
卜素。它们的种类、含量及酸碱度等因素的共同作用形成了花
de bù tóng yán sè
的不同颜色。

小知识

bìng bù shì suǒ yǒu de
并不是所有的
huā dōu shì xiāng de xiàng zhù
花都是香的，像著
míng de dà wáng huā jiù shì
名的大王花就是
chòu de
臭的。

传粉和受精

植物在开花前，先后长出花苞。花苞绽放后，就会形成美丽的花儿。开花后，只有经过传粉和受精，才能产生种子，繁衍后代。

▼ 花粉

传粉

传粉是指雄蕊花药中的成熟花粉粒传送到雌蕊柱头上的过程。有自花传粉和异花传粉两种方式。风和昆虫是花粉传播的好帮手。

一朵完整的花

一朵完整的花包括了六个基本部分，即花梗、花托、花萼、花冠、雄蕊群和雌蕊群。其中花梗与花托相当于枝的部分，其余四部分相当于枝上的变态叶，常合称为花部。

植物的受精

受精是指精子与卵细胞融合形成受精卵的过程。许多时候，为了防止自然传粉不足的情况，可通过人工的方法给植物进行辅助授粉，让子房逐渐发育成为果实。

▼ 蝴蝶传粉

zhí wù de guāng hé zuò yòng
植物的光合作用

wǒ men suǒ jiàn dào de měi yī piàn lǜ yè zhōng dōu hán yǒu yè lǜ tǐ, zhè xiē yè lǜ tǐ néng jiè zhù tài yáng guāng de néng liàng, bǎ èr yǎng huà tàn hé shuǐ jiā gōng chéng tàn shuǐ huà hé wù bìng shì fàng chū yǎng qì, gōng dòng wù hé rén lèi hū xī, zhè jiù shì wǒ men suǒ shuō de guāng hé zuò yòng。

我们所见到的每一片绿叶中都含有叶绿体，这些叶绿体能借助太阳光的能量，把二氧化碳和水加工成碳水化合物并释放出氧气，供动物和人类呼吸，这就是我们所说的光合作用。

guāng hé zuò yòng 光合作用

zhí wù zài yáng guāng xià jìn xíng guāng hé zuò yòng lái jìn xíng hū xī, shì fàng chū yǎng qì, bìng xī shōu kōng qì zhōng de èr yǎng huà tàn。duì yú lǜ sè zhí wù lái shuō, zài yáng guāng chōng zú de bái tiān, tā men jiāng lì yòng yáng guāng de néng liàng lái jìn xíng guāng hé zuò yòng, yǐ huò dé shēng zhǎng fā yù bì xū de yǎng fèn。

植物在阳光下进行光合作用来进行呼吸，释放出氧气，并吸收空气中的二氧化碳。对于绿色植物来说，在阳光充足的白天，它们将利用阳光的能量来进行光合作用，以获得生长发育必需的养分。

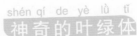

◀ zhí wù lì yòng yáng guāng de néng liàng lái jìn xíng guāng hé zuò yòng
植物利用阳光的能量来进行光合作用

shén qí de yè lǜ tǐ 神奇的叶绿体

zhí wù jìn xíng guāng hé zuò yòng de guān jiàn cān yǔ zhě, jiù shì yè zi nèi bù de yè lǜ tǐ。yè lǜ tǐ zài yáng guāng de zuò yòng xià, bǎ jīng yóu qì kǒng jìn rù yè zi nèi bù de èr yǎng huà tàn hé yóu gēn bù xī shōu de shuǐ zhuǎn biàn chéng wéi pú táo táng, tóng shí shì fàng yǎng qì。

植物进行光合作用的关键参与者，就是叶子内部的叶绿体。叶绿体在阳光的作用下，把经由气孔进入叶子内部的二氧化碳和由根部吸收的水转变成为葡萄糖，同时释放氧气。

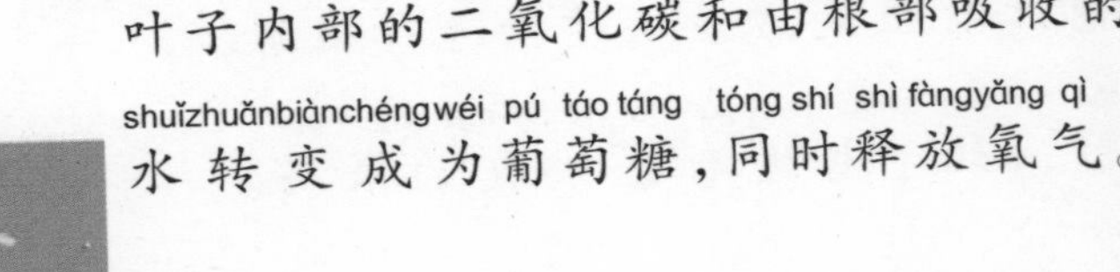

藻类的光合作用

像红藻、绿藻、褐藻等真核藻类也具有叶绿体，因而也能进行产氧光合作用。很多藻类的叶绿体中还具有其他不同的色素，赋予了它们不同的颜色。

◀ 接受光合作用的植物显得生机勃勃

小知识

万物生长靠太阳，如果没有太阳，地球上便不会有生命。

温室植物的生长

温室是农业生产的场所，在利用温室生产时，人们常向温室施放适量的二氧化碳，这是因为植物的光合作用需要二氧化碳，使用二氧化碳可促进光合作用的进行，更有利于植物的生长。

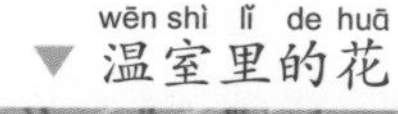
▼ 温室里的花

呼吸作用

我们人类需要呼吸才能生存，自然界的其他动物也是无时无刻不在进行着呼吸活动。其实，除了动物，植物的生存也离不开呼吸。呼吸作用是高等植物代谢的重要组成部分，与植物的生命活动关系密切。

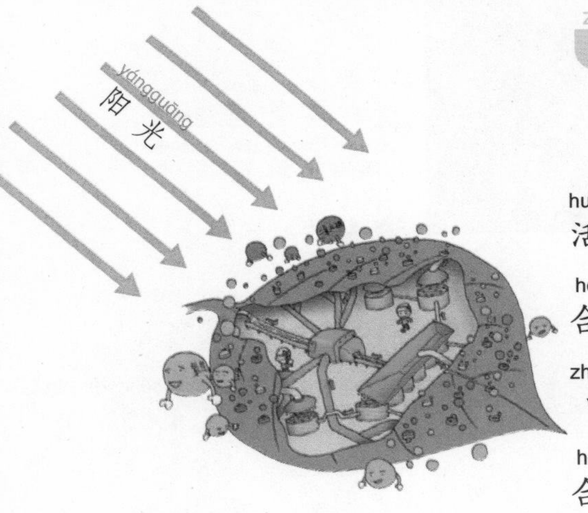

重要意义

呼吸作用能为生物体的生命活动提供能量，还能为体内其他化合物的合成提供原料。呼吸过程中产生的中间产物，又能成为合成体内一些重要化合物的原料。

呼吸作用分类

植物的呼吸作用根据是否需要氧气，分为有氧呼吸和无氧呼吸。高等植物的呼吸作用主要是有氧呼吸。

wú yǎng hū xī
无氧呼吸

mǎ líng shǔ de kuài jīng
▲马铃薯的块茎

wú yǎng hū xī guǎng fàn cún zài yú zhí wù tǐ nèi
无氧呼吸广泛存在于植物体内。
rú zhǒng zi zài méng fā de chū qī zài yī dìng xiàn dù
如种子在萌发的初期，在一定限度
nèi kě jìn xíng wú yǎng hū xī chǎn shēng jiǔ jīng cóng
内可进行无氧呼吸，产生酒精，从
ér huò dé néng liàng gāo děng zhí wù de wú yǎng hū xī chú
而获得能量。高等植物的无氧呼吸除
shēng chéng jiǔ jīng yǐ wài yě néng chǎn shēng rǔ suān rú
生成酒精以外，也能产生乳酸。如
mǎ líng shǔ kuài jīng hú luó bo yè zài jìn xíng wú yǎng hū
马铃薯块茎、胡萝卜叶在进行无氧呼
xī shí jiù chǎn shēng rǔ suān
吸时，就产生乳酸。

小知识

yì bān lái shuō zhí
一般来说，植
wù zài shí hū xī jìn
物在0℃时呼吸进
xíng de hěn màn
行得很慢。

yì yì zhòng dà
意义重大

zhí wù hū xī dài xiè shòu zhe nèi wài duō zhǒng yīn sù de yǐng xiǎng hū xī zuò yòng yǐng xiǎng zhí
植物呼吸代谢受着内、外多种因素的影响。呼吸作用影响植
wù shēng mìng huó dòng de quán jú yīn ér zhí wù hū xī yǔ nóng zuò wù zāi péi yù zhǒng hé zhǒng zi
物生命活动的全局，因而植物呼吸与农作物栽培、育种和种子、
guǒ shū kuài gēn kuài jīng de zhù cáng dōu yǒu zhe mì qiè de guān xì
果蔬、块根块茎的贮藏都有着密切的关系。

niú nǎi
◀牛奶

fā jiào jì shù
发酵技术

rén men lì yòng hū xī de zuò yòng yán fā
人们利用呼吸的作用研发
le fā jiào jì shù wǒ men shú zhī de lì yòng
了发酵技术。我们熟知的利用
jiào mǔ jūn fā jiào zhì zào pí jiǔ guǒ jiǔ
酵母菌发酵制造啤酒、果酒；
lì yòng rǔ suān jūn fā jiào zhì zào nǎi lào hé suān
利用乳酸菌发酵制造奶酪和酸
niú nǎi děng jiù shì zhè fāng miàn de lì zi
牛奶等就是这方面的例子。

蒸腾作用

蒸腾作用是水分从活的植物体表面（主要是叶子）以水蒸气状态散失到大气中的现象。蒸腾作用是绿色植物的一项重要的生理活动，它对维持植物体内水分的含量，以及在高温季节降低植物体的温度等生理活动，起到了至关重要的作用。

蒸腾方式

幼小的植物，暴露在地上部分的全部表面都能蒸腾；植物长大后，茎枝表面形成木栓，未木栓化的部位有皮孔，可以进行皮孔蒸腾；成长植物的蒸腾部位主要在叶片。

▼小草在阳光照射下不断地进行蒸腾作用，需要不断地补充水分

气孔的魅力

植物体的表面有许多气孔，它们不停地进行蒸腾。不同植物，叶面上气孔的数量和位置也不同。陆地植物，气孔多藏在叶面下面，水面上的植物，气孔多分布在叶面上。

影响蒸腾的外界因素

影响植物蒸腾的外界因素很多，主要包括光照、水分、温度、风和空气中二氧化碳的浓度等。

叶片蒸腾

叶片蒸腾有两种方式：一是通过角质层的蒸腾，叫做角质蒸腾；二是通过气孔的蒸腾，叫做气孔蒸腾，气孔蒸腾是植物蒸腾作用的最主要方式。

▲叶面上的气孔不停地蒸腾

小知识

如果过度蒸腾，植物就容易出现萎蔫现象。

zhí wù de fáng wèi yǔ wěi zhuāng
植物的防卫与伪装

zì rán jiè de zhí wù shēngzhǎng zài gù dìng de dì fang dāng tā men yù dào dí rén shí
自然界的植物，生长在固定的地方，当它们遇到敌人时，
wú fǎ xiàngdòng wù nà yàng táo pǎo suǒ yǐ wèi le shēngcún zhí wù zài cháng qī de jìn huà guò
无法像动物那样逃跑，所以，为了生存，植物在长期的进化过
chéngzhōng yě zhú jiàn jù bèi le fáng yù dí hài de běn lǐng nà jiù shì xíng xíng sè sè de fáng wèi jì
程中也逐渐具备了防御敌害的本领，那就是形形色色的防卫技
shù hé wěizhuāng jì shù
术和伪装技术。

wěizhuāng de yì yì
“伪装”的意义

wěizhuāng shì zhí wù zài cháng qī de jìn huà guòchéngzhōngzhú jiàn xíngchéng de yī xiàngběn lǐng
“伪装”是植物在长期的进化过程中逐渐形成的一项本领，
zhè duì yú tā men de shēngcún yǔ fán zhí yǒuzhòng dà yì yì yǒu de zhí wù wèi xià hu shí cǎodòng
这对于它们的生存与繁殖有重大意义。有的植物为吓唬食草动
wù jiù ràng zì jǐ zhǎng dé hěnkǒng bù yǒu de zhí wù wèi xī yǐn kūnchóngchuán fěn jiù bǎ zì
物，就让自己长得很恐怖；有的植物为吸引昆虫传粉，就把自
jǐ bànchéngkūnchóng de yàng zi
己扮成昆虫的样子。

bǔ yíng cǎo zhǎng yǒu yī gè kù sì bèi ké de bǔ chóng jiā
▼捕蝇草长有一个酷似“贝壳”的捕虫夹

小知识

zuì huì lì yòng wěi zhuāng shù piàn qǔ kūn chóng wèi tā zuò méi de shì méi lán shǔ zhí wù
最会利用“伪装术”骗取昆虫为它“做媒”的是眉兰属植物。

zhū lóng cǎo
▲猪笼草

biàn huà duō duān de fáng wèi shù
变化多端的防卫术

yī wèi kē xué jiā céng jīng fā xiàn sān jiǎo yè yáng de mǒu xiē shù zhī yè piàn hán dú liàng shì páng biān shù zhī de bèi zhè yàng biàn qū shǐ zhòng duō de yá chóng zhuǎn zhì wú dú de yè piàn shang mì shí dàn guò yī huì ér shù mù zuò chū fǎn yìng tuō luò zhè xiē yè zi jiè cǐ bǎ xǔ duō hài chóng pāo diào

一位科学家曾经发现，三角叶杨的某些树枝叶片含毒量是旁边树枝的72倍，这样便驱使众多的蚜虫转至无毒的叶片上觅食，但过一会儿，树木做出反应，脱落这些叶子，借此把许多害虫抛掉。

wù lǐ fáng wèi hé huà xué fáng wèi
物理防卫和化学防卫

zhí wù de wù lǐ fáng wèi bāo kuò jiān cì jīng jí hé pí cì zhè yàng de wǔ qì lìng yī xiē zhí wù shǐ yòng duō zhǒng duō yàng de huà xué fáng wèi cuò shī shēng huà wǔ qì lái bǎo hù zì jǐ

植物的物理防卫包括尖刺、荆棘和皮刺这样的武器，另一些植物使用多种多样的化学防卫措施——“生化武器”来保护自己。

qí yì de wěi zhuāng shù
奇异的伪装术

zài wǒ guó de xǐ mǎ lā yǎ shān zhōng yǒu yī zhǒng cǎo bèi dāng dì rén chēng wéi dú shé cǎo tā men wěi zhuāng chéng yǎn jìng shé de mú yàng ràng chī cǎo de dòng wù yǐ wéi pèng shàng le dú shé ér bù gǎn qīng yì tūn shí

在我国的喜马拉雅山中，有一种草被当地人称为“毒蛇草”。它们伪装成眼镜蛇的模样，让吃草的动物以为碰上了毒蛇，而不敢轻易吞食。

yǎn jìng shé cǎo
▼眼镜蛇草

居住的地方

形态万千的植物也有各式各样的生活习性，同时也需要不同的生活环境。比如娇嫩的雪莲就喜欢生长在被皑皑白雪覆盖的高山上，而高大的椰子树也偏偏选择矗立在热带海滨的沙滩上，那些以湖泊、海洋、水体或滩地为“家”的植物更是干脆被称为水生植物。总之，在纷繁茂盛的植物家族中，每个植物部落都是一道独特的亮丽风景线。

zhí bèi de dì dài xìng fēn bù

植被的地带性分布

zhí bèi yǔ qí tā zì rán yào sù yǒu zhe mì qiè de lián xì rèn hé yī gè dì qū de zì

植被与其他自然要素有着密切的联系，任何一个地区的自

rán zhí bèi dōu shì nà lǐ zì rán huán jìng de bì rán chǎn wù yīn cǐ zhí bèi suī rán yǒu gè zhǒng

然植被都是那里自然环境的必然产物。因此，植被虽然有各种

gè yàng de lèi xíng rán ér tā men zài dì qiú shang de fēn bù què yǒu míng xiǎn de guī lǜ

各样的类型，然而它们在地球上的分布却有明显的规律。

wěi xiàng dì dài xìng

纬向地带性

yán wěi dù fāng xiàng yǒu guī lǜ de gēng tì de zhí bèi fēn bù chēng wéi zhí bèi fēn bù de wěi xiàng

沿纬度方向有规律地更替的植被分布，称为植被分布的纬向

dì dài xìng běi bàn qiú zì běi xiàng nán yī cì chū xiàn hán dài de tái yuán hán wēn dài de zhēn yè lín

地带性。北半球自北向南依次出现寒带的苔原、寒温带的针叶林、

wēn dài de xià lǜ kuò yè lín yà rè dài de cháng lǜ kuò yè lín yǐ jí chì dào de yǔ lín zhè dà

温带的夏绿阔叶林、亚热带的常绿阔叶林以及赤道的雨林，这大

tǐ shang shì yán wěi dù pái liè de

体上是沿纬度排列的。

小知识

wǒ guó zhí bèi de jīng xiàng dì dài xìng zài wēn dài dì qū tè bié míng xiǎn

我国植被的经向地带性，在温带地区特别明显。

经向地带性

以水分条件为主导因素，引起植被分布由沿海向内陆发生更替的现象，称为经向地带性。植被分布的经度地带性主要与海陆位置、大气环流和地形相关。一般从沿海到内陆，降雨量逐渐减少，植被也会有明显的规律性变化。

▲ 内陆植被发生变化

垂直地带性

植被分布的地带性，还表现出因高度不同而呈现的垂直地带性规律。我们从长白山山脚到山顶就能看到落叶阔叶林、针阔叶混交林、云冷杉暗针叶林、岳桦矮曲林、小灌木苔原的植被垂直带。

shī dì zhí wù

湿地植物

shī dì shì dì qiú shang yǒu zhe duō gōngnéng de fù yǒu shēng wù duō yàng xìng de shēng tài xì tǒng
湿地是地球上有着多功能的、富有生物多样性的生态系统，
shì rén lèi zuì zhòng yào de shēng cún huán jìng zhī yī ér shī dì zhí wù zé fàn zhǐ shēng zhǎng zài shī dì
是人类最重要的生存环境之一。而湿地植物则泛指生长在湿地
huán jìng zhōng de zhí wù tā men shēng zhǎng zài dì biǎo jīng cháng guò shī cháng nián jī shuǐ huò qiǎn shuǐ
环境中的植物，它们生长在地表经常过湿、长年积水或浅水
de huán jìng zhōng
的环境中。

shī dì zhí wù de fēn lèi

湿地植物的分类

cóng shēng zhǎng huán jìng kàn shī dì zhí wù kě yǐ fēn wéi shuǐ shēng zhǎo shēng shī shēng sān
从生长环境看，湿地植物可以分为水生、沼生、湿生三
lèi ruò cóng zhí wù shēng huó lèi xíng kàn kě yǐ fēn wéi tǐng shuǐ xíng fú yè xíng chén shuǐ xíng hé
类；若从植物生活类型看，可以分为挺水型、浮叶型、沉水型和
piāo fú xíng rú guǒ cóng zhí wù shēng zhǎng lèi xíng kàn kě yǐ bǎ shī dì zhí wù fēn wéi cǎo běn lèi
漂浮型；如果从植物生长类型看，可以把湿地植物分为草本类、
guàn mù lèi hé qiáo mù lèi
灌木类和乔木类。

shī dì zhí wù hóng shù lín
▼ 湿地植物红树林

小知识

mù qián wǒ guó zuì dà de shī dì zhí wù zhòng zhí jī dì zài yuè lù qū lián huā zhèn
目前，我国最大的湿地植物种植基地在岳麓区莲花镇。

hóng mù shuǐshān
◀ 红木水杉

guó jiā bǎo hù wù zhǒng
国家保护物种

zài zhōngguó shī dì zhí wù zhōng yǒu guó
在中国湿地植物中，有国
jiā yī jí bǎo hù yě shēng zhí wù zhǒng zhōng
家一级保护野生植物6种：中
huá shuǐ jiǔ kuān yè shuǐ jiǔ shuǐsōng shuǐ
华水韭、宽叶水韭、水松、水
shān chún cài cháng huì máo gèn zé xiè guó
杉、莼菜、长喙毛茛泽泻；国
jiā èr jí bǎo hù yě shēng zhí wù yǒu zhǒng
家二级保护野生植物有11种。

jìng huà zuòyòng
净化作用

shī dì zhí wù chú le nénggòu zhí jiē gěi rén lèi tí gōnggōng yè yuánliào shí wù guānshǎnghuā
湿地植物除了能够直接给人类提供工业原料、食物、观赏花
huì yào cái děng hái zài shī dì shēng tài xì tǒngzhōng fā huī guānjiàn zuòyòng yóu qí shì réngōng
卉、药材等，还在湿地生态系统中发挥关键作用，尤其是人工
shī dì zhí wù de jìng huà zuòyònggèng shì bù róngxiǎo qù
湿地植物的净化作用更是不容小觑。

tónghuā shù
桐花树

tónghuā shù shìchángjiàn de hóngshù lín shī dì zhí wù
桐花树是常见的红树林湿地植物，
dà duō fēn bù zài tān tú de wàiyuánhuò hé kǒu de jiāo huì
大多分布在滩涂的外缘或河口的交汇
chù tā de yè bǐng dài yǒuhóng sè yè miànchángjiàn yǒu
处。它的叶柄带有红色，叶面常见有
pái chū de yán tónghuā shù de yè zi bù dàn shì jiào hǎo de
排出的盐。桐花树的叶子不但是较好的
sì liào ér qiě hái shì hěn hǎo de mì yuán
饲料，而且还是很好的蜜源。

tónghuā shù
▶ 桐花树

zhēn yè lín zhí wù
针叶林植物

yóu luǒ zǐ zhí wù zǔ chéng de zhēn yè lín shì xiàn cún miàn jī zuì dà de sēn lín yī bān lái jiǎng zhēn yè lín shì hán wēn dài de dì dài xìng zhí bèi shì fēn bù zuì kào běi de sēn lín tā zhǔ yào yóu luǒ zǐ zhí wù sōngshān lèi shùzhǒngwéi jiàn qúnzhǒng xíngchéngdān yōuzhǒngqiáo mù qún luò cǐ lèi shù de yè zi duō shù wéi zhēn xíng

由裸子植物组成的针叶林是现存面积最大的森林。一般来讲，针叶林是寒温带的地带性植被，是分布最靠北的森林。它主要由裸子植物松杉类树种为建群种，形成单优种乔木群落，此类树的叶子多数为针形。

zuì dà de yuán shǐ zhēn yè lín
最大的原始针叶林

héngkuà ōu yà běi měi dà lù běi bù de zhēn yè lín shǔ hán dài hé hánwēn dài dì qū de dì dài xìng sēn lín lèi xíng shì shì jiè zuì dà de yuán shǐ zhēn yè lín yě shì shì jiè zuì zhǔ yào de mù cái shēngchǎn jī dì

横跨欧、亚、北美大陆北部的针叶林属寒带和寒温带地区的地带性森林类型，是世界最大的原始针叶林，也是世界最主要的木材生产基地。

小知识

běi měi hóng shān hé huángshān shì liǎngzhǒng shì jiè shang zuì gāo dà de zhēn yè shù mù

北美红杉和黄杉是两种世界上最高大的针叶树木。

lěngshānshù
冷杉树

lěngshān shù
▼冷杉树

lěngshānshù shì diǎnxíng de àn zhēn yè lín zhí wù
冷杉树是典型的暗针叶林植物，
zhǔ yào fēn bù yú ōu zhōu yà zhōu běi měizhōu zhōng
主要分布于欧洲、亚洲、北美洲、中
měizhōu jí fēi zhōu zuì běi bù de yà gāoshān zhì gāoshān dì
美洲及非洲最北部的亚高山至高山地
dài lěngshān wéi nài yīn xìng hěnqiáng de shùzhǒng xǐ lěng
带。冷杉为耐阴性很强的树种，喜冷
hé kōng qì shī rùn de dì fang jù yǒu dú tè de guānshǎng
和空气湿润的地方，具有独特的观赏
tè xìng hé yuán lín yòng tú
特性和园林用途。

zhēn yè lín de fēn bù
针叶林的分布

zhēn yè lín guǎngfàn fēn bù yú shì jiè gè dì yǐ běi bàn qiú wéi zhǔ běi yǐ jí dì dòngyuán
针叶林广泛分布于世界各地，以北半球为主。北以极地冻原
wèi jiè nán jiē zhēnkuò hùn jiāo lín qí zhōngyóu luò yè sōng zǔ chéng de chēngwéimíngliàngzhēn yè lín
为界，南接针阔混交林。其中由落叶松组成的称为明亮针叶林，
ér yǐ yúnshān lěngshān wéi jiàn qún shùzhǒng de chēngwéi àn zhēn yè lín
而以云杉、冷杉为建群树种的称为暗针叶林。

luò yè sōng
落叶松

luò yè sōngwéisōng kē luò yè sōngshǔ de luò yè qiáo mù shì wǒ guódōng běi dì qū zhǔ yào sān
落叶松为松科落叶松属的落叶乔木，是我国东北地区主要三
dà zhēn yè yòngcái lín shùzhǒng zhī yī luò yè sōng xǐ huanyángguāngchōng zú ér jiào gān hàn de huánjìng
大针叶用材林树种之一。落叶松喜欢阳光充足而较干旱的环境，
dōng jì luò yè hòu lín xià chōng
冬季落叶后林下充
mǎn yáng guāng yīn cǐ luò
满阳光，因此落
yè sōng lín shì diǎnxíng de
叶松林是典型的
míngliàngzhēn yè lín
“明亮针叶林”。

sōngshù
◀松树

cháng lǜ kuò yè lín zhí wù 常绿阔叶林植物

常绿阔叶林植物是亚热带湿润地区由常绿阔叶树种组成的地带性森林类型。这类森林的叶片都有这样几个特征：常绿、革质，叶子表面光泽无毛，叶片排列方向与太阳光线垂直。

常绿阔叶林的分布

常绿阔叶林是亚热带海洋性气候条件下的森林，分布在南、北纬22°～34°之间。在中国，以长江流域南部的常绿阔叶林最为典型，面积也最大。

桂花树

桂花树为常绿阔叶乔木，高可达15米，树冠可覆盖400平方米。桂花适应于亚热带气候广大地区，它终年常绿，枝繁叶茂，秋季开花，黄白色的小花极为芳香，可谓"独占三秋压群芳"。

▲ 桂花树

樟树

樟树

樟树是属于樟科的常绿性乔木，高可达50米，树龄成百上千年，可称为参天古木，也是优秀的园林绿化林木。樟树在春天新叶长成后，前一年的老叶才开始脱落，所以一年四季都呈现绿意盎然的景象。

丰富的生物资源

一般来说，常绿阔叶林区的生物资源都比较丰富。野生动物、鸟类和各种爬行动物活跃在林间，重要代表有熊猫、金丝猴、华南虎、白鹇、白颈长尾、眼镜蛇以及蟒蛇和大壁虎等。

常绿阔叶林植物

小知识

毛竹的冬笋是中国常绿阔叶林区的特产。

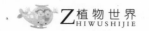

luò yè kuò yè lín zhí wù
落叶阔叶林植物

luò yè kuò yè lín yīn wèi dōng jì luò yè xià jì cōng lǜ yě chēng xià lǜ lín luò
落叶阔叶林因为冬季落叶、夏季葱绿，也称“夏绿林”。落
yè kuò yè lín de qiáo mù shù zhǒng dōu jù yǒu jiào kuān de yè piàn shù gàn hé zhī yā yě yǒu hěn hòu
叶阔叶林的乔木树种都具有较宽的叶片，树干和枝丫也有很厚
de shù pí zhè yàng de jié gòu hěn hǎo de shì yìng le dōng jì hán lěng de huán jìng
的树皮，这样的结构很好地适应了冬季寒冷的环境。

fēn bù qū yù
分布区域

luò yè kuò yè lín zhí wù jī hū wánquán fēn bù zài běi bàn qiú shòu hǎi yángxìng qì hòu yǐngxiǎng de
落叶阔叶林植物几乎完全分布在北半球受海洋性气候影响的
wēnnuǎn dì qū zhè xiē dì fang yī nián sì jì fēn míng xià jì yán rè duō yǔ dōng jì hán lěng
温暖地区。这些地方一年四季分明，夏季炎热多雨，冬季寒冷。
zhōngguó de luò yè kuò yè lín zhǔ yào fēn bù zài dōng běi dì qū de nán bù hé huá běi gè shěngděng dì qū
中国的落叶阔叶林主要分布在东北地区的南部和华北各省等地区。

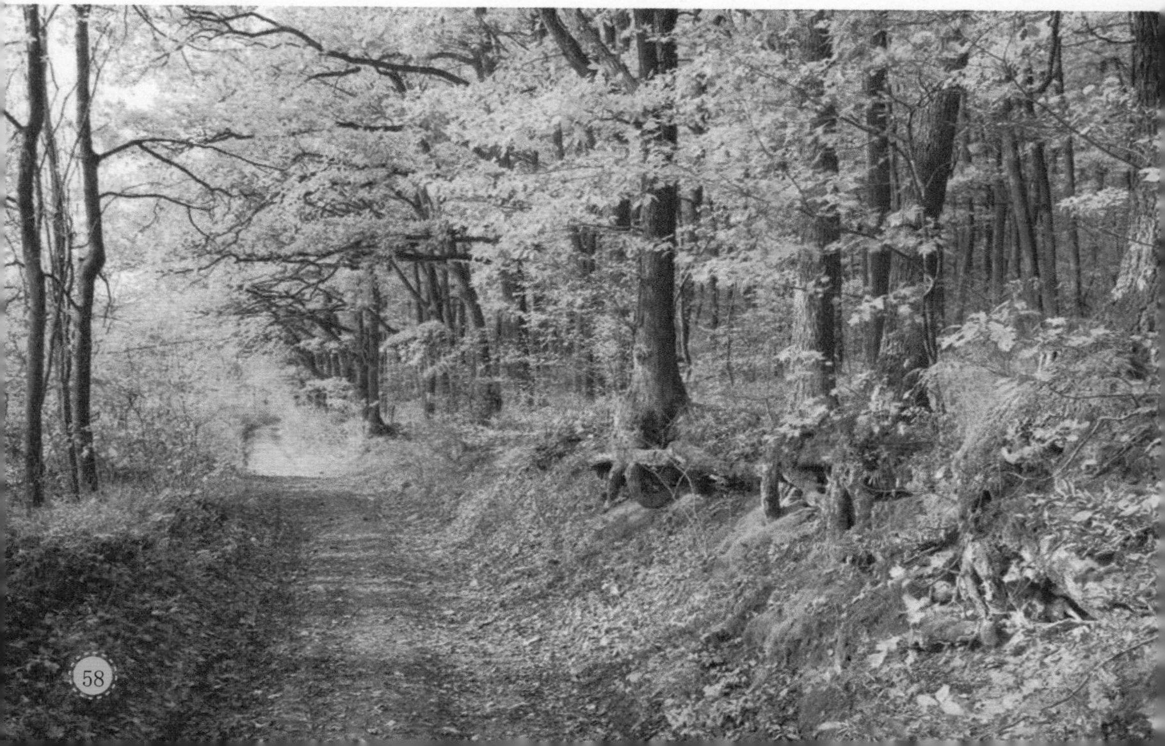

bái huà shù
白桦树

bái huà shì diǎnxíng de luò yè kuò yè lín zhí wù tā
白桦是典型的落叶阔叶林植物，它
de shù gàn bǐ zhí xiū cháng zī tài yōu yǎ mí rén shì hěn
的树干笔直修长，姿态优雅迷人，是很
hǎo de yuán lín lǜ huà shù zhǒng lìng wài tā hái shì yī
好的园林绿化树种。另外，它还是一
zhǒng sù shēngshùzhǒng yóu qí shì zài yòu nián shí qī měi
种速生树种，尤其是在幼年时期，每
nián kě yǐ zhǎnggāo mǐ zuǒ yòu yīn ér hěn kuài jiù néng
年可以长高1米左右，因而很快就能
chéng cái wèi wǒ men rén lèi de jiàn zhù shì yè zuògòngxiàn
成材，为我们人类的建筑事业作贡献。

bái huà shù
▶ 白桦树

shuǐ qū liǔ
水曲柳

shuǐ qū liǔ shì gǔ lǎo de cán yí zhí wù shǔ yú guó jiā
水曲柳是古老的残遗植物，属于国家
èr jí zhòngdiǎn bǎo hù yě shēng zhí wù shuǐ qū liǔ shǔ yú luò
二级重点保护野生植物。水曲柳属于落
yè dà qiáo mù yòu nián shí wài pí guānghuá dànchéng líng hòu
叶大乔木，幼年时外皮光滑，但成龄后
jiù huì chǎnshēng cū xì xiāngjiàn de zòng liè shì wǒ guódōng běi
就会产生粗细相间的纵裂，是我国东北、
huá běi dì qū de zhēn guì yòng cái shùzhǒng
华北地区的珍贵用材树种。

fēn lèi qíngkuàng
分类情况

yīn wèi luò yè kuò yè lín de jié gòu jiǎn dān suǒ yǐ kě yǐ jiāng
因为落叶阔叶林的结构简单，所以可以将
qí míngxiǎn de fēn wéi qiáo mù céng guàn mù céng hé cǎo běncéng
其明显地分为乔木层、灌木层和草本层。

小知识

luò yè kuò yè lín fēn
落叶阔叶林分
bù qū yī nián sì jì fēn
布区，一年四季分
míng xià jì yán rè duō yǔ
明，夏季炎热多雨，
dōng jì hán lěng
冬季寒冷。

海滨植物

海滨植物充当了海岸卫士的角色，它们大多具有防风、固沙的作用。这些植物还有一个非常重要的特征，就是能够在含盐量很高的土壤中生长，创造出属于自己的一片天地。

共同特点

海滨植物有一个共同点，那就是它们不管采用什么方法抵御盐分的侵袭，新陈代谢的速度都比较慢，生命活动也不旺盛。

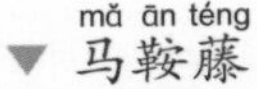
▼ 马鞍藤

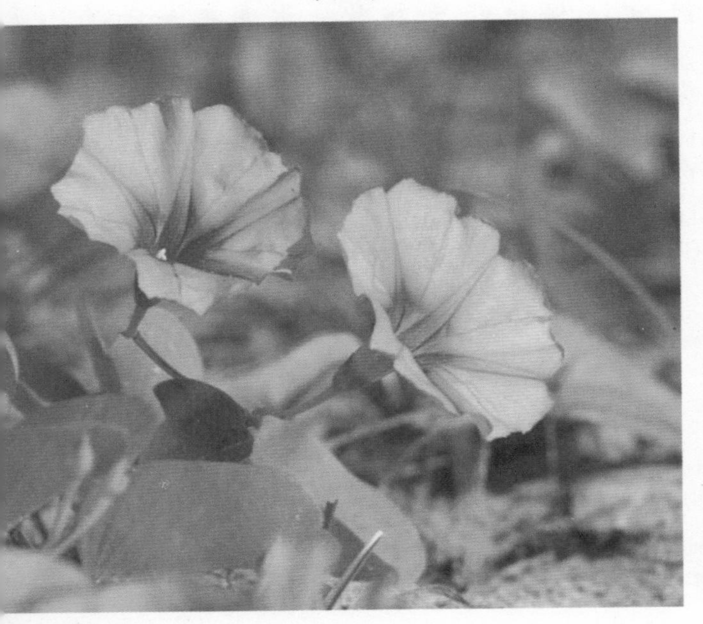

“海滨花后”

被称为“海滨花后”的马鞍藤分布广泛，几乎在全世界热带地区的海边都有它的踪影。当马鞍藤紫色的花朵怒放时，常常被人误认为是“牵牛花”。

lù dōu shù
露兜树

lù dōu shù shēng yú rè
露兜树生于热
dài de hǎi bīn dì qū tā
带的海滨地区，它
shēn cái bù gāo dàn xíng tài
身材不高，但形态
què hěn tè shū lù dōu shù
却很特殊。露兜树
shēng yǒu hóng shù yī yàng de
生有红树一样的
zhī zhù gēn yè zi chéng dài
支柱根，叶子呈带
zhuàng yè zi de liǎng biān hé
状，叶子的两边和
bèi miàn zhōng mài shang dōu
背面中脉上都
shēng yǒu jiān ruì de jù chǐ
生有尖锐的锯齿，
tè bié róng yì shāng dào rén
特别容易伤到人。

yē zi shù
▶ 椰子树

yē zi shù
椰子树

yē zi shì zuì zhù míng de hǎi bīn zhí
椰子是最著名的海滨植
wù zhī yī tā miàn cháo dà hǎi shù gàn
物之一，它面朝大海，树干
gāo sǒng rù yún shù dǐng zhǎng yǒu jù dà de
高耸入云，树顶长有巨大的
yǔ máo zhuàng yè zi xíng chéng yōu měi de
羽毛状叶子，形成优美的
shù guān fēi cháng hǎo kàn
树冠，非常好看。

小知识

shì jiè shang zuì zhù
世界上最著
míng de nài yán zhí wù shì yán
名的耐盐植物是盐
jiǎo cǎo tā zhǎng zhe féi pàng
角草，它长着肥胖
de ròu zhì jīng hé yè zi
的肉质茎和叶子。

gāo shān zhí wù
高山植物

shēngzhǎng zài gāo shānshang de zhí wù yī bān tǐ jī ǎi xiǎo jīng yè duō máo yǒu de hái pú fú zhe shēngzhǎng huò zhě xiàng diàn zi yī yàng pū zài dì shang chéng wéi suǒ wèi de diànzhuàng zhí wù ér zhī suǒ yǐ chéngxiàn chū cǐ zhǒngzhuàng tài zhǔ yào shì wèi le shì yìng gāo shān dì qū kōng qì xī bó qì wēn dī fēng lì hé zǐ wài xiànqiáng liè yǐ jí quē shǎo shuǐ fèn de è liè shēng cún huán jìng

生长在高山上的植物，一般体积矮小，茎叶多毛，有的还匍匐着生长或者像垫子一样铺在地上，成为所谓的“垫状植物”。而之所以呈现出此种状态，主要是为了适应高山地区空气稀薄，气温低，风力和紫外线强烈以及缺少水分的恶劣生存环境。

gēn xì fā dá 根系发达

dà duō shù gāoshān zhí wù yǒu cū zhuàngshēncháng ér róu rèn de gēn xì tā menchángchuānchā zài lì shí yán shí de liè fèng zhī jiān huò cū zhì de tǔ rǎng lǐ xī shōuyíngyǎng hé shuǐ fèn yǐ shì yìng gāoshān cū shū de tǔ rǎng hé zài hán lěng gān hànhuánjìng xià shēngzhǎng fā yù de yāo qiú

大多数高山植物有粗壮深长而柔韧的根系，它们常穿插在砾石、岩石的裂缝之间或粗质的土壤里吸收营养和水分，以适应高山粗疏的土壤和在寒冷、干旱环境下生长发育的要求。

sān sè jǐn
◀ 三色堇

sān sè jǐn 三色堇

gāoshān zhí wù sān sè jǐn de huāxíng rú dié suǒ yǐ yòu jiào hú dié huā yīn wèi sān sè jǐn huā de yán sè tōngcháng shì lán huáng hé bái sè sān sè yīn cǐ dé dào zhè yàng yī gè tiē qiè de míngchēng

高山植物三色堇的花形如蝶，所以又叫“蝴蝶花”。因为三色堇花的颜色通常是蓝、黄和白色三色，因此得到这样一个贴切的名称。

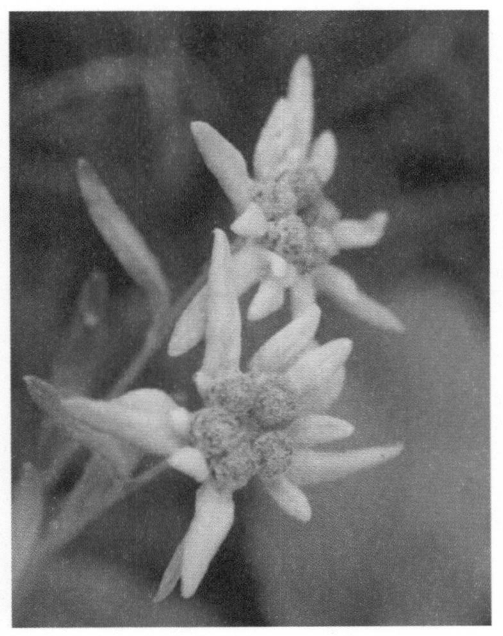

huǒ róng cǎo
火绒草

ruì shì guó huā huǒ róng cǎo shǔ yú gāo shān zhí
瑞士国花火绒草属于高山植
wù tā yǒu yī gè cháng jiàn de míng zi jiào xuě róng
物，它有一个常见的名字叫雪绒
huā huǒ róng cǎo shēng yú yán shí jiān tā de yè
花。火绒草生于岩石间，它的叶
zi hé huā duǒ dōu shì bái sè de
子和花朵都是白色的。

huǒ róng cǎo
◀ 火绒草

小知识

gāo shān zhí wù shí wéi
高山植物石韦
yīn wèi xǐ huan shēng zhǎng zài
因为喜欢生长在
shān pō yán miàn hé shí fèng
山坡岩面和石缝
zhōng ér dé míng
中而得名。

bù wèi yán hán
不畏严寒

dà duō shù gāo shān zhí wù dōu néng dǐ kàng yán hán zhè shì yīn wèi tā men de tǐ nèi hán yǒu fēng
大多数高山植物都能抵抗严寒，这是因为它们的体内含有丰
fù de táng fèn zhī yè zhōng hán táng liàng yuè gāo bīng diǎn jiù yuè dī zhè yàng jí shǐ zài líng xià
富的糖分，汁液中含糖量越高，冰点就越低，这样，即使在零下
jǐ shí dù de bīng xuě yán hán zhōng yě bù zhì yú bèi dòng jiāng
几十度的冰雪严寒中，也不至于被冻僵。

xuě lián
雪莲

xuě lián shì gāo shān zhí wù zhòng yào de dài biǎo zhī yī tā gè
雪莲是高山植物重要的代表之一，它个
tóu bù gāo jīng yè mì shēng hòu hòu de bái sè róng máo jì néng
头不高，茎、叶密生厚厚的白色绒毛，既能
fáng hán yòu néng bǎo wēn hái néng fǎn shè diào gāo shān yáng guāng de
防寒，又能保温，还能反射掉高山阳光的
qiáng liè fú shè miǎn zāo shāng hài xuě lián shì yī zhǒng míng guì
强烈辐射，免遭伤害。雪莲是一种名贵
yào cái tā de zhěng gè zhí zhū shài gān hòu dōu kě yǐ rù yào
药材，它的整个植株晒干后都可以入药。

xuě lián
▼ 雪莲

shā mò zhí wù
沙漠植物

shā mò de qì hòu tè bié gān zào yán rè nà lǐ yǒu xiē dì fang shèn zhì zhěng nián bù xià yǔ
沙漠的气候特别干燥炎热，那里有些地方甚至整年不下雨。àn lǐ shuō zhè yàng è liè de huán jìng xià hěn nán yǒu zhí wù néng gòu shēng cún xià lái kě shì shí
按理说，这样恶劣的环境下很难有植物能够生存下来，可事实 què bù shì zhè yàng yīn wèi yǒu xiē shā mò zhí wù jiù jiāng máng máng de dà shā mò dàng zuò zì jǐ de
却不是这样，因为有些沙漠植物就将茫茫的大沙漠当做自己的 jiā yuán
家园。

fā dá de gēn xì
发达的根系

wèi le miàn duì shā mò jí dù gān hàn de zhuàng kuàng shā mò lǐ de zhí wù dà duō shù dōu yǒu
为了面对沙漠极度干旱的状况，沙漠里的植物大多数都有 fā dá de gēn xì yǐ zēng jiā duì shā tǔ zhōng shuǐ fèn de xī qǔ
发达的根系，以增加对沙土中水分的吸取。

xiān rén zhǎng
▼仙人掌

小知识

tiān bǎo huā sù yǒu shā mò méi guī zhī chēng yuán chǎn yú fēi zhōu de kěn ní yà tǎn sāng ní yà
天宝花素有“沙漠玫瑰”之称，原产于非洲的肯尼亚、坦桑尼亚。

hú yáng
胡杨

hú yáng cháng shēng zhǎng zài shā mò
胡杨常生长在沙漠
zhōng shì huāng mò dì qū tè yǒu de zhēn guì
中，是荒漠地区特有的珍贵
sēn lín zī yuán duì yú wěn dìng huāng mò hé
森林资源。对于稳定荒漠河
liú dì dài de shēng tài píng héng fáng fēng gù
流地带的生态平衡，防风固
shā tiáo jié lǜ zhōu qì hòu hé xíng chéng féi
沙，调节绿洲气候和形成肥
wò de sēn lín tǔ rǎng jù yǒu shí fēn zhòng
沃的森林土壤，具有十分重
yào de zuò yòng
要的作用。

shā mò zhōng de hú yáng lín
▲沙漠中的胡杨林

luò tuó cì
骆驼刺

wú lùn shēng huó huán jìng rú hé è liè luò tuó cì dōu néng wán qiáng de shēng cún xià lái bìng kuò
无论生活环境如何恶劣，骆驼刺都能顽强地生存下来并扩
dà zì jǐ de shì lì fàn wéi wèi le shì yìng gān hàn de huán jìng luò tuó cì jìn liàng shǐ dì miàn zhí
大自己的势力范围。为了适应干旱的环境，骆驼刺尽量使地面植
zhū zhǎng de ǎi xiǎo tóng shí jiāng páng dà de gēn xì shēn shēn zhā rù dì xià
株长得矮小，同时将庞大的根系深深扎入地下。

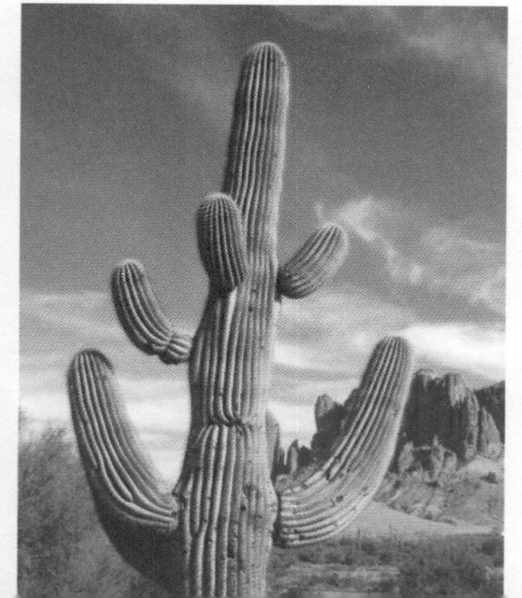

xiān rén zhǎng
仙人掌

shēng huó zài shā mò zhōng de xiān rén zhǎng yǒu
生活在沙漠中的仙人掌，有
zhe jīng rén de nài hàn néng lì zhè shì yīn wèi tā
着惊人的耐旱能力，这是因为它
men yǒu tè shū de zhù cún shuǐ fèn de běn lǐng xiān
们有特殊的贮存水分的本领。仙
rén zhǎng de yè zi tuì huà chéng zhēn cì zhuàng kě
人掌的叶子退化成针刺状，可
yǐ dà dà jiǎn shǎo shuǐ fèn zhēng téng de miàn jī
以大大减少水分蒸腾的面积。

cǎo yuán zhí wù
草原植物

shēngzhǎng zài cǎo yuán de zhí wù zhǒng lèi xiāngdāng fù zá jiù suàn jí xiǎo de yī gè qū yù nèi yě yǒu xǔ duō bù tóng de zhí wù cǎo diàn cǎo běn guàn mù yě shēng huā huì mì bù qí zhōng gēn jù cǎo yuán zhí wù duì wēn dù de fǎn yìng kě yǐ jiāng qí fēn wéi nài hán xíng hé xǐ nuǎn xíng liǎng dà lèi

生长在草原的植物种类相当复杂，就算极小的一个区域内也有许多不同的植物，草甸、草本、灌木、野生花卉密布其中。根据草原植物对温度的反应，可以将其分为耐寒型和喜暖型两大类。

xù mù chǎngsuǒ
畜牧场所

fēngchuī cǎo dī xiàn niú yáng shì cǎo yuánshang zuì měi de jǐngxiàng zhī yī yīn wèi cǎo yuánshang shèngchǎn xǔ duō yíngyǎng jià zhí gāo shì kǒu xìngqiáng de mù cǎo suǒ yǐ shì shì jiè shang zuì zhòngyào de shēngchù fàng mù chǎng

“风吹草低见牛羊”是草原上最美的景象之一。因为草原上盛产许多营养价值高、适口性强的牧草，所以是世界上最重要的牲畜放牧场。

cǎo yuánshang de mù cǎo wèi yángqún tí gōng le shí wù
▼草原上的牧草为羊群提供了食物

fǎngchuí shù
纺锤树

fǎngchuí shù shēngzhǎng zài nán měizhōu de bā
纺锤树生长在南美洲的巴
xī gāo yuánshang tā men liǎng tóu jiān xì zhōng
西高原上，它们两头尖细，中
jiānpéng dà jiù xiàng shì yī gè dà fǎngchuí yǔ
间膨大，就像是一个大纺锤。雨
jì shí tā xī shōu dà liàngshuǐ fèn zhù cún qǐ
季时，它吸收大量水分，贮存起
lái dào gān jì shí lái gōngyìng zì jǐ de xiāo hào
来，到干季时来供应自己的消耗。
lìng wài fǎngchuí shù hái kě yǐ wèi huāng mò shang
另外，纺锤树还可以为荒漠上
de lǚ xíng zhě tí gōngshuǐyuán
的旅行者提供水源。

fǎngchuí shù bié míng jiào píng zi shù shì rè dài shù
▲纺锤树别名叫瓶子树，是热带树
lín de yōu shì zhí wù
林的优势植物

jīn lián huā
金莲花

cǎo yuán zhí wù jīn lián huā yīn wèi sè zé jīn
草原植物金莲花因为色泽金
huáng yīn ér yòu bèi chēng wéi jī dàn huáng huā
黄，因而又被称为“鸡蛋黄花”。
jīn lián huā běn shì yī zhǒng hěn míng guì de zhōng yào cái
金莲花本是一种很名贵的中药材，
jù yǒu qīng rè jiàng huǒ de dú tè gōng xiào
具有清热降火的独特功效。

jīn hé huān shù
金合欢树

jīn hé huān shù shì fēi zhōu rè dài
金合欢树是非洲热带
xī shù dà cǎo yuánshang de yōu shì shù zhǒng
稀树大草原上的优势树种，
tā shì yī zhǒng luò yè xiǎo qiáo mù huā
它是一种落叶小乔木，花
shì chéng huáng sè de shèng kāi shí hǎo
是橙黄色的，盛开时好
xiàng jīn sè de róng qiú yī bān
像金色的绒球一般。

小知识

jīn hé huān zài ào dà
金合欢在澳大
lì yà bèi yù wéi guó huā
利亚被誉为国花，
dāng dì jū mín xǐ huan jiāng
当地居民喜欢将
qí zhòng zài fáng wū zhōu wéi
其种在房屋周围。

tái yuán zhí wù
苔原植物

tái yuán zhí wù zhǔ yào fēn bù zài běi bīng yáng zhōu wéi yán àn shì hán dài zhí wù de dài biǎo
苔原植物主要分布在北冰洋周围沿岸，是寒带植物的代表。
tái yuán zhí wù duō wéi duō nián shēng de cháng lǜ zhí wù bāo kuò kě tiē dì de zhēn yè guàn mù jiān
苔原植物多为多年生的常绿植物，包括可贴地的针叶灌木，坚
yìng biǎn píng de xiǎo guàn mù hé guàn mù yǐ jí shí nán xíng yè yè yuán juǎn qū de guàn mù děng
硬扁平的小灌木和灌木以及石南型叶、叶缘卷曲的灌木等。

tè diǎn xiān míng
特点鲜明

tái yuán zhí wù duō shù wéi cháng lǜ zhí wù zhè xiē cháng lǜ zhí wù zài chūn jì kě yǐ hěn kuài de
苔原植物多数为常绿植物，这些常绿植物在春季可以很快地
jìn xíng guāng hé zuò yòng bù bì xiāo hào hěn duō shí jiān biàn kě xíng chéng xīn yè běi jí duō shù zhí wù
进行光合作用，不必消耗很多时间便可形成新叶。北极多数植物
ǎi xiǎo xǔ duō zhí wù jǐn tiē dì miàn pú fú shēng zhǎng zhè shì kàng fēng bǎo wēn jí jiǎn shǎo zhí wù
矮小，许多植物紧贴地面匍匐生长，这是抗风、保温及减少植物
zhēng téng de shì yìng shǒu duàn
蒸腾的适应手段。

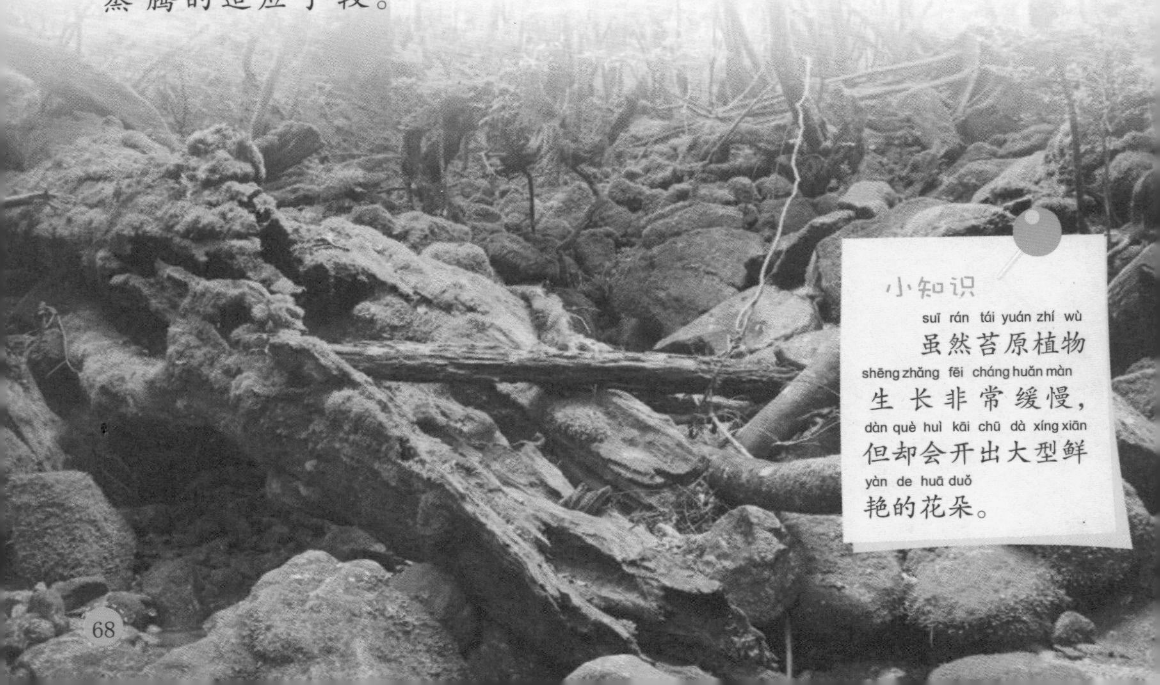

小知识

suī rán tái yuán zhí wù shēng zhǎng fēi cháng huǎn màn
虽然苔原植物生长非常缓慢，
dàn què huì kāi chū dà xíng xiān yàn de huā duǒ
但却会开出大型鲜艳的花朵。

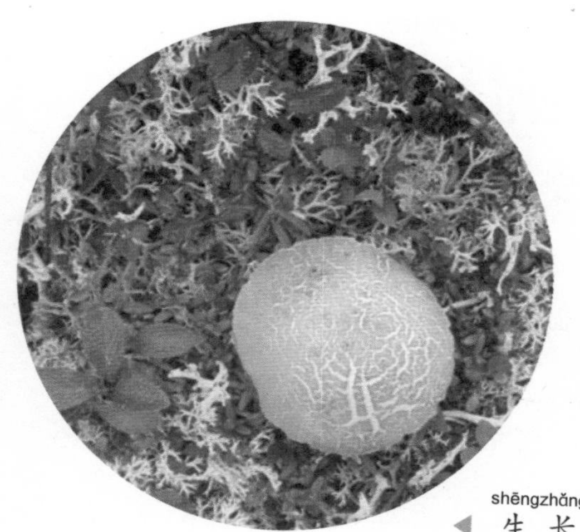

适应环境

苔原地区的环境对一般植物来说，可谓恶劣至极。然而，一些生长在极地苔原的植物却对其生长的环境有了很多特殊的适应。

◀ 生长在恶劣环境下的苔原植物

牛皮杜鹃

牛皮杜鹃为常绿灌木，在许多高山苔原带上均有分布。每年8月，牛皮杜鹃开始形成花芽，由于寒冷气候的限制，所以直到第二年的6月它的花才逐渐盛开。

▼ 松毛翠

松毛翠

松毛翠分布于长白山高山苔原带，并在欧洲、俄罗斯和北美洲的北极高寒地区也有分布。松毛翠为常绿灌木，它的外形与草本植物极其相似，这是许多高海拔山顶植物生态适应性的表现。松毛翠的花芽在秋末开始形成，到第二年春末夏初继续发育，于6月末开始开花。

水生植物

植物学上把一般能够长期在水中或水分饱和土壤中正常生长的植物称为水生植物。根据它们在水中分布状况，分为沉水植物、浮水植物、出水植物三类，如狸藻、菱、芦苇等。

睡莲

睡莲是水生花卉中的名贵品种，它的花朵会随着太阳的起落而变化。夏天的清晨，睡莲会把花瓣慢慢展开，当太阳落下时，它又会把花瓣渐渐关闭，睡莲也因此而得名。

▲睡莲又称子午莲、水芹花

▲凤眼莲也就是我们熟知的水葫芦

凤眼莲

凤眼莲喜欢生长在浅水而土质肥沃的池塘里，它的茎叶悬垂于水上。因为它的花呈多棱喇叭，花瓣上生有黄色斑点，看上去像凤眼而得名。

“水中落花生”

菱是一种浮水植物，有“水中落花生”之称，它的果实叫“菱角”。“菱角”有尖尖的硬角，能保护自己不被鱼类吃掉。

◀菱的生长习性：喜温暖湿润，阳光充足，不耐霜冻。它的果实“菱角”为坚果，垂生于密叶下方的水中，必须全株拿起来倒翻，才可以看得见。

芦苇

芦苇是一种多年水生或湿生的高大禾草，生长在沟渠旁和河堤沼泽等地。芦苇的茎是中空的，地下茎或根系没于水底的淤泥中，而植物的上半部分和叶子生长在水面以上。芦苇除了是重要的造纸原料外，还可用于编织。

小知识

水生植物水葱看起来很像大葱，但却不能食用。

jí dì zhí wù
极地植物

běi bīng yáng hé nán jí dà lù shì dì qiú shang wěi dù gāo yú nán běi jí quān de liǎng kuài qū yù
北冰洋和南极大陆是地球上纬度高于南北极圈的两块区域，
nà lǐ yáng guāng yǐ sǎn shè guāng wéi zhǔ qì hòu chéng xiàn kù lěng duō fēng hé gān zào de tè diǎn
那里阳光以散射光为主，气候呈现酷冷、多风和干燥的特点，
huán jìng tiáo jiàn fēi cháng yán kù bù guò réng rán yǒu xiē zhí wù zài zhè lǐ wán qiáng de shēng cún zhe
环境条件非常严酷，不过仍然有些植物在这里顽强地生存着，
wǒ men jiāng qí chēng wéi jí dì zhí wù
我们将其称为极地植物。

jí dì zhí wù de tè diǎn
极地植物的特点

jí dì zhí wù shēng zhǎng de dì dài wēn dù jiào dī yīn cǐ shēng zhǎng qī duǎn zhè zhǒng zhí wù
极地植物生长的地带温度较低，因此生长期短。这种植物
yī bān yè zi jiào xiǎo yóu yú hán yǒu huā sè sù duō shù chéng hóng sè wěi dù yuè gāo yī nián
一般叶子较小，由于含有花色素，多数呈红色。纬度越高，一年
shēng zhí wù yuè shǎo ér duō nián shēng zhí wù què huì zēng jiā
生植物越少，而多年生植物却会增加。

jí dì bái huā
▼极地白花

shēng zhǎng huǎn màn
生长缓慢

duì běi jí zhí wù ér yán yóu yú dì xià xíng chéng
对北极植物而言，由于地下形成
yǒng jiǔ dòng tǔ jǐn zài xià jì shàng miàn qiǎn qiǎn de tǔ
永久冻土，仅在夏季，上面浅浅的土
rǎng cái róng huà zhí wù de gēn biàn zhǐ hǎo zài cǐ zhā gēn
壤才融化，植物的根便只好在此扎根。
yóu yú tǔ rǎng de chuí zhí pái shuǐ néng lì hěn dī suǒ yǐ
由于土壤的垂直排水能力很低，所以
quē fá zú gòu de yǎng qì hé yíng yǎng shǐ zhí wù de shēng
缺乏足够的氧气和营养，使植物的生
zhǎng jí qí huǎn màn
长极其缓慢。

南极红藻

在南极冰冷的海水中，生长着很多红藻，它们体内有大量的藻红素，因此呈现出鲜红色或紫红色，即使在深海中，红藻也能吸收微弱的蓝光和绿光，为自己制造营养。

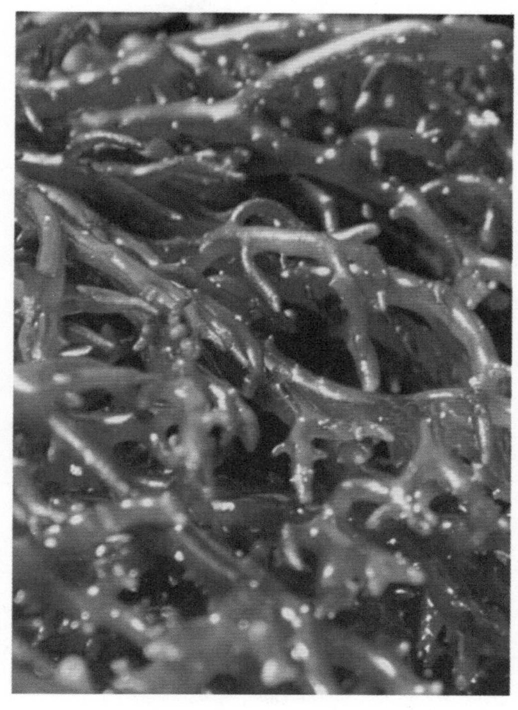

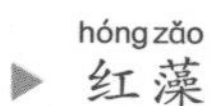

▶ 红藻

缺少鲜花的南极圈

目前在南极已经辨认出来的地衣大约只有 400 种，苔藓有 75 种，开花植物仅有 4 种，并且都是生活在南极圈以外的南极半岛上。换句话说，在南极圈以内看不到任何鲜花。

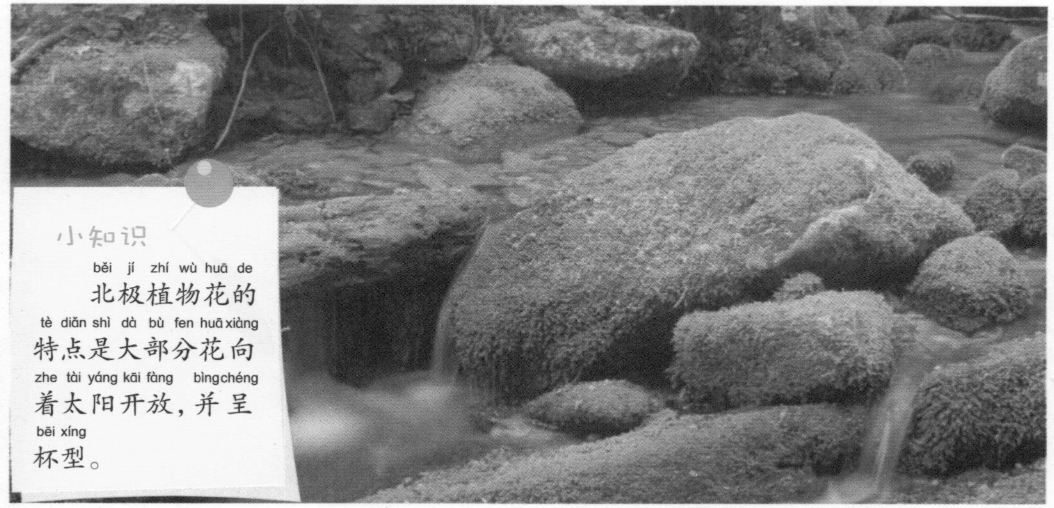

小知识

北极植物花的特点是大部分花向着太阳开放，并呈杯型。

rè dài yǔ lín zhí wù
热带雨林植物

dì chǔ chì dào dì qū de rè dài yǔ lín yīn wèi wēn nuǎn de qì hòu hé chōng pèi de yǔ liàng
地处赤道地区的热带雨林，因为温暖的气候和充沛的雨量，
yùn yù le zhǒng lèi fán duō de zhí wù zài zhè lǐ gè zhǒng zhí wù jiāo cuò shēng zhǎng gòng tóng zǔ
孕育了种类繁多的植物，在这里，各种植物交错生长，共同组
chéng páng dà ér shén mì de yǔ lín shēng wù qún luò
成庞大而神秘的雨林生物群落。

zhǒng lèi páng zá
种类庞杂

rè dài yǔ lín de shù mù hěn gāo
热带雨林的树木很高
dà zhǒng lèi yě hěn fēng fù ér
大、种类也很丰富，而
qiě dà shù dǐ xià de cǎo běn téng
且大树底下的草本、藤
běn jì shēng děng zhí wù jiāo cuò shēng
本、寄生等植物交错生
zhǎng zài yī qǐ jié gòu páng dà ér
长在一起，结构庞大而
fù zá
复杂。

téng běn zhí wù
藤本植物

rè dài yǔ lín zhōng yǒu yī zhǒng kào chán rào huò pān
热带雨林中有一种靠缠绕或攀
yuán yú qí tā shù mù zhī chēng zì jǐ qū gān de zhí
援于其他树木支撑自己躯干的植
wù jiào téng běn zhí wù tā men tōng cháng dōu yǒu cháng
物，叫藤本植物。它们通常都有长
shé sì de shēn qū cóng yī kē shù pá dào lìng yī kē
蛇似的身躯，从一棵树爬到另一棵，
cóng xià miàn pá dào shù dǐng yòu cóng shù dǐng chuí guà ér
从下面爬到树顶，又从树顶垂挂而
xià jiāo cuò chán rào
下，交错缠绕。

小知识

rè dài yǔ lín zhōng
热带雨林中
yǒu yī xiē cān tiān dà shù de
有一些参天大树的
shù gàn jī bù huì zhǎng chū
树干基部会长出
bǎn zhuàng gēn
板状根。

miànbāo shù
▲ 面包树

miànbāo shù
面包树

miànbāo shù shì shēnghuó zài rè dài yǔ lín
面包树是生活在热带雨林
zhōng de yī zhǒng cháng lǜ qiáo mù měi nián
中的一种常绿乔木，每年11
yuè zhì cì nián yuè lián xù huā kāi bù duàn suí
月至次年7月连续花开不断，随
hòu biàn guà shàng yuán xíng de guǒ shí zhè zhǒng guǒ
后便挂上圆形的果实。这种果
shí chéng shú hòu huì biàn chéng huáng sè hǎo xiàng
实成熟后会变成黄色，好像
shù shang xuán guà zhe yī gè gè kǎo shú de miànbāo
树上悬挂着一个个烤熟的面包，
wèi dào fēi cháng xiān měi
味道非常鲜美。

fù shēng zhí wù
附生植物

fù shēng zhí wù shì rè dài yǔ lín zhōng yī gè qí tè měi lì de jǐng guān xǔ duō bù tóng de shù
附生植物是热带雨林中一个奇特美丽的景观。许多不同的树
gàn hé téng luó shang guà mǎn le xíng xíng sè sè lín láng mǎn mù de xiǎo xíng zhí wù huā jì shí yī zhū
干和藤萝上挂满了形形色色、琳琅满目的小型植物，花季时一株
shù shang fán huā sì jǐn wǔ cǎi bīn fēn yóu rú yī gè kōng zhōng huā yuán
树上繁花似锦、五彩缤纷，犹如一个“空中花园”。

lǜ jīn zhī guó
“绿金之国”

fēi zhōu zhōng xī bù de jiā péng gòng
非洲中西部的加蓬共
hé guó hào chēng lǜ jīn zhī guó yīn
和国号称“绿金之国”，因
wèi zhè lǐ de tǔ dì yǒu bèi rè dài
为这里的土地有3/4被热带
yǔ lín fù gài jī hū quán bù de guó
雨林覆盖，几乎全部的国
tǔ dōu bèi sēn lín fù gài zhe
土都被森林覆盖着。

tāi shēng zhí wù
胎生植物

zì rán jiè yǒu yī zhǒng qí tè de zhí wù tāi shēng zhí wù zhè zhǒng zhí wù de zhǒng zi
自然界有一种奇特的植物——胎生植物。这种植物的种子
chéng shú yǐ hòu jì bù tuō lí mǔ shù yě bù jīng guò xiū mián ér shì zhí jiē zài guǒ shí lǐ
成熟以后，既不脱离母树，也不经过休眠，而是直接在果实里
fā yá xī qǔ mǔ shù lǐ de yǎng liào zhǎng chéng yī kē yòu miáo rán hòu cái tuō lí mǔ shù dú
发芽，吸取母树里的养料，长成一棵幼苗，然后才脱离母树独
lì shēng huó
立生活。

qiū qié shù
秋茄树

qiū qié shù de zhǒng zi chéng shú hòu jī hū méi yǒu xiū mián qī jiù zài guǒ shí zhōng méng fā
秋茄树的种子成熟后，几乎没有休眠期，就在果实中萌发
le dāng yòu miáo zhǎng dào dà yuē lí mǐ zuǒ yòu shí jiù cóng zǐ yè de dì fang tuō luò lí kāi
了。当幼苗长到大约30厘米左右时，就从子叶的地方脱落，离开
le mǔ tǐ chéng wéi yī kē xīn zhí wù
了母体，成为一棵新植物。

hóng shù miáo
◀ 红树苗

piāo bó de hóng shù miáo
漂泊的红树苗

rú guǒ hóng shù de tāi miáo xià zhuì shí zhèng féng zhǎng cháo
如果红树的胎苗下坠时，正逢涨潮，
tāi miáo jiù yǒu kě néng bèi hǎi shuǐ chōng zǒu suí bō tāo ér piāo xiàng
胎苗就有可能被海水冲走，随波涛而漂向
bié chù zhè xiē yuǎn yóu de tāi miáo bù huì bèi hǎi shuǐ yān sǐ kě
别处。这些远游的胎苗不会被海水淹死，可
yǐ cháng qī zài hǎi shang piāo fú yù dào hé shì de hǎi tān jiù
以长期在海上漂浮，遇到合适的海滩，就
huì zhā xià gēn lái
会扎下根来。

佛手瓜

佛手瓜清脆多汁，味美可口。佛手瓜的种子无休眠期，成熟后如果不及时采收，很快就会在瓜中萌发。所以“胎萌”是佛手瓜的一大特点。

桐花树

桐花树是常见的红树林品种，生长在近海一方的末端。这种树的种子于脱离母树前发芽，故有胎生树之称。

特殊的红树果实

红树果实成熟时，里面的种子就开始萌发，从母体吸收养分后长成胎苗。胎苗长到约30厘米时，就会脱离母体，掉入海滩的淤泥之中。几个小时之后，这些胎苗就能在新的环境当中长出新根。

▼ 红树

小知识

“水笔仔”是一种非常罕见的“胎生植物”。

ròu shí zhí wù
肉食植物

zài zhí wù wáng guó lǐ yǒu yī lèi zhí wù kě lì hai le tā men jì méi yǒu tuǐ yě méi yǒu yá chǐ dàn shì què shì chī dòng wù de xíng jiā lǐ shǒu tā men jiù shì ròu shí zhí wù xiàn zài jiù ràng wǒ men yī qǐ lái kàn yī kàn shén mì de ròu shí zhí wù shì jiè bā

在植物王国里，有一类植物可厉害了，它们既没有腿，也没有牙齿，但是却是吃动物的行家里手，它们就是肉食植物。现在，就让我们一起来看一看神秘的肉食植物世界吧！

ròu shí zhí wù 肉食植物

dì qiú shang yǒu xǔ duō zhǒng ròu shí zhí wù bù guò tā men yǒu yī gè gòng tóng de tè diǎn jiù shì shēn cái bǐ jiào xiǎo bìng yǐ gè zhǒng xiǎo chóng zi zuò wéi shí wù

地球上有许多种肉食植物，不过它们有一个共同的特点，就是身材比较小，并以各种小虫子作为食物。

bǔ yíng cǎo shǔ yú wéi guǎn zhí wù de yī zhǒng shì hěn shòu huān yíng de shí chóng zhí wù yōng yǒu wán zhěng de gēn jīng yè

▼捕蝇草属于维管植物的一种，是很受欢迎的食虫植物，拥有完整的根、茎、叶

小知识

mù qián wéi zhǐ zhè gè shì jiè shang hái méi yǒu fā xiàn kě yǐ chī rén de zhí wù ne

目前为止，这个世界上还没有发现可以吃人的植物呢。

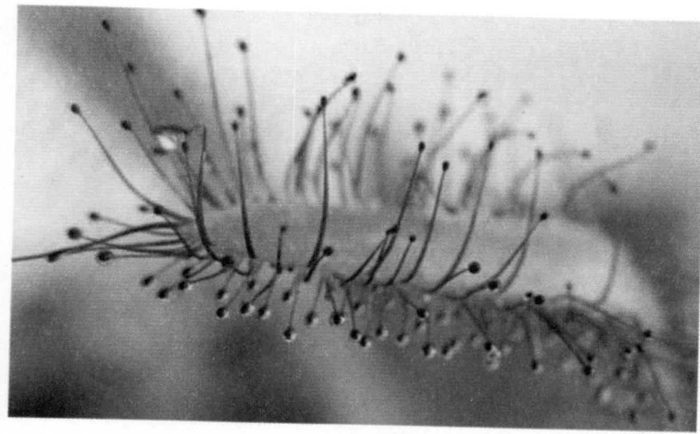

máozhān tái
▲毛毡苔

qí miào de fāng shì
奇妙的方式

xǔ duō ròu shí zhí wù dōu kě yǐ fā chū qì wèi
许多肉食植物都可以发出气味，
duì kūnchóng lái shuō zhè xiē qì wèi jiǎn zhí tài měimiào
对昆虫来说，这些气味简直太美妙
le tā men huì rěn bù zhù zhuī zhe qì wèi fēi guò qù
了，它们会忍不住追着气味飞过去，
jiù zhèyàng ròu shí zhí wù yòng zhèzhǒng qí miào de fāng
就这样，肉食植物用这种奇妙的方
shì bǎ tān zuǐ de xiǎochóng zi menzhāo le guò lái
式，把贪嘴的小虫子们招了过来。

píng zi cǎo
瓶子草

píng zi cǎo shì lìng yī zhǒng ròu shí zhí wù tā
瓶子草是另一种肉食植物，它
menzhǎngzhe yī gè guǎn zi jiù xiàng shì yī gè kāi kǒu
们长着一个管子，就像是一个开口
cháoshàng de píng zi píng kǒu hái yǒu yī piàn yè zi
朝上的瓶子，瓶口还有一片叶子。
yī dàn xiǎochóng fēi jìn qù yè zi jiù huì bì shàng
一旦小虫飞进去，叶子就会闭上，
rènchóng zi zěn me nǔ lì yě fēi bù chū lái
任虫子怎么努力也飞不出来。

shí ròu de yuán yīn
食肉的原因

kē xué jiā cāi xiǎng ròu shí
科学家猜想，肉食
zhí wù shēngzhǎng de dì fang yīn wèi
植物生长的地方因为
quē fá yǎngliào ér dòng wù shēn tǐ
缺乏养料，而动物身体
kě yǐ tí gōng zhè xiē yǎngliào wèi
可以提供这些养料，为
le huò dé yǎngliào yǒu yī xiē zhí
了获得养料，有一些植
wù mànmàn jiù yǒu le liè shāzhān zài
物慢慢就有了猎杀粘在
zì jǐ shēnshang de kūnchóng de néng
自己身上的昆虫的能
lì hòu lái hái fā zhǎnchū bǔ zhuō
力，后来还发展出捕捉
kūnchóng de běn lǐng
昆虫的本领。

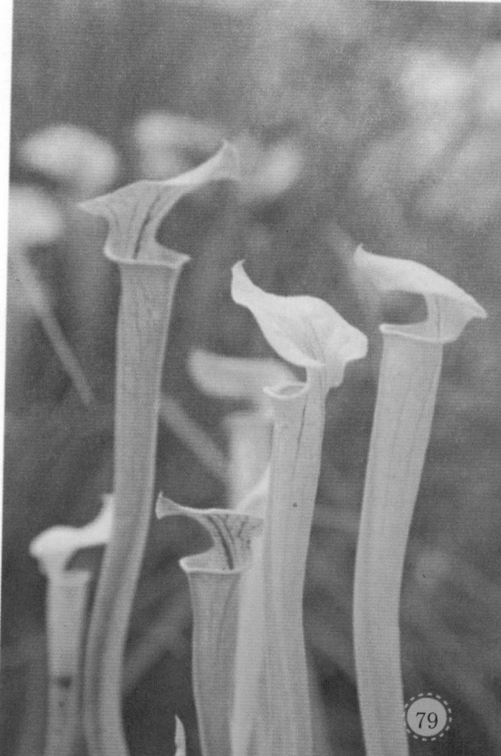

寄生植物

和动物界的寄生虫一样，植物界也存在着这样一批寄生者。它们从不制造或很少制造养料，却从另一些植物身上吸取营养，过着不劳而获的生活，这种植物被人们称作寄生植物。

寄生方式

大多数寄生植物是利用它们特殊的根从寄生的植物体中吸收水分和营养，或从空气中吸收水汽。

▶ 菟丝子

菟丝子

菟丝子喜欢寄生在农作物上，一旦遇到合适的寄主，其茎便会迅速缠绕上去，然后顺着寄主茎干向上爬，并从茎中长出一个个小吸盘，伸入到植物茎内，吮吸里面的养分。

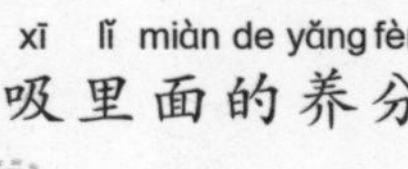

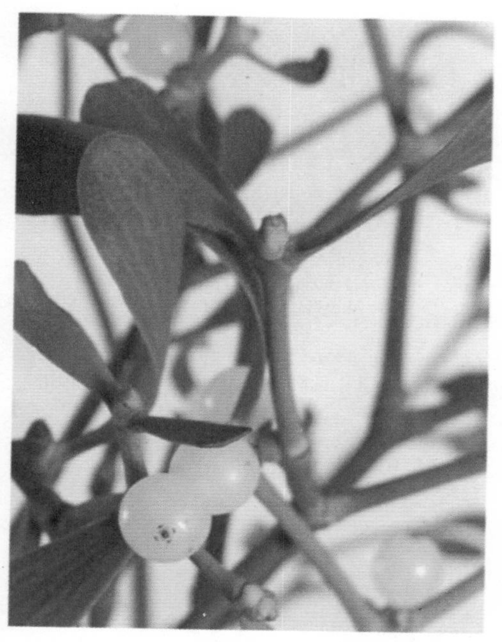

◀槲寄生为桑寄生科灌木植物

寄生分类

根据对植物的依赖程度不同，寄生植物可分为两类，一类是半寄生种子植物，另一类是全寄生种子植物。

小知识

寄生植物约占世界上全部植物种的1/10。

沙漠中的锁阳

中国内蒙古地区的沙漠里生长着一种著名的药用植物——锁阳。锁阳喜欢寄生在固沙植物白刺的根上，寿命很长，把它放在室内保存12年后，仍有寄生的本领。

列当

列当靠吸收别的植物的养分和水分来生长，它的种子可以借风雨、人畜、农具等在寄主种子中传播，烟草、番茄、辣椒、马铃薯、蚕豆、花生、向日葵等植物都是它寄生的对象。

有毒植物

植物除了美化环境，供人食用外，还是重要的工业原料。然而，植物自身的化学成分却非常复杂，其中有很多是有毒的物质。假如不慎接触到这类植物，就有可能引起疾病，甚至危及生命。

夹竹桃

夹竹桃在夏天开花，花色为桃红色或白色，远远望去，花团锦簇，美丽异常。它的树皮、树叶和花均有毒，误食后会引起恶心和眼花。

▼夹竹桃

美丽的相思豆

相思豆就是我们常说的红豆，它在春夏开花，种子米红色，根、叶、种子均有毒，其中种子的毒性最强。

dú wù màn tuó luó
毒物曼陀罗

màn tuó luó huā de yán sè hěn duō huā duǒ wéi tǒngzhuàng huā
曼陀罗花的颜色很多，花朵为筒状，花
guān shì lòu dǒu xíng de xiàng yī zhī xiǎo lǎ ba kě shì zhèzhǒng
冠是漏斗形的，像一只小喇叭。可是，这种
měi lì de zhí wù quánshēndōu yǒu dú yóu qí shì tā de zhǒng zi
美丽的植物全身都有毒，尤其是它的种子，
dú xìng zuì qiáng bù xiǎo xīn pèngdào tā men jiù huì yǐn qǐ zhòng dú
毒性最强，不小心碰到它们就会引起中毒。

màn tuó luó
▲曼陀罗

zhē rén de qián má
“蜇人”的荨麻

qián má de jīng gǎn yè bǐngshèn zhì yè màishangdōuzhǎngmǎn le hán yǒu jù dú de cì rú guǒ
荨麻的茎秆、叶柄甚至叶脉上都长满了含有剧毒的刺，如果
bù xiǎo xīn pèngdào le zhèzhǒng zhí wù cì shang de dú yè jiù huì zhù rù rén tǐ zàochéng rén tǐ
不小心碰到了这种植物，刺上的毒液就会注入人体，造成人体
cháng shí jiān de jù liè téngtòng jiù xiàng bèi xiē zi zhē guò yī yàngnánshòu
长时间的剧烈疼痛，就像被蝎子蜇过一样难受。

yǒu dú zhí wù zhī wáng
“有毒植物之王”

yīng sù shì yī zhǒngyàn lì de yǒu dú zhí wù tā kāi hóng sè de huā què yǒu zhe hēi sè de
罂粟是一种艳丽的有毒植物，它开红色的花，却有着黑色的
huā ruǐ yīng sù wèichéngshú de guǒ shí zhōngyǒu yī zhǒng yǔ zhòng bù tóng de rǔ zhī gē qǔ gān zào
花蕊。罂粟未成熟的果实中有一种与众不同的乳汁，割取干燥
hòu jiù shì yā piàn wéi yī zhǒng dú yuán zhí wù suǒ yǐ yīng sù yě bèi chēng wéi yǒu dú
后就是“鸦片”，为一种毒源植物。所以，罂粟也被称为“有毒
zhí wù zhī wáng
植物之王”。

yīng sù huā
▼罂粟花

小知识

fān mù biē suī rán yǒu
番木鳖虽然有
dú dàn shì rú guǒ yùn yòng
毒，但是如果运用
dé dàng de huà hái shì yī
得当的话，还是一
wèi yào cái
味药材。

zhēn xī zhí wù

珍稀植物

shì jiè shang yǒu xiē zhí wù de shù liàng fēi cháng xī shǎo yīn ér tè bié zhēn guì hái yǒu xiē
世界上有些植物的数量非常稀少，因而特别珍贵，还有些
zhí wù yīn wèi wài jiè de pò huài huò zì shēn de ruò diǎn zhèng miàn lín zhe miè jué de wēi xiǎn
植物，因为外界的破坏或自身的弱点，正面临着灭绝的危险。
suǒ yǒu zhè xiē zhí wù dōu kě yǐ chēng wéi zhēn xī zhí wù
所有这些植物都可以称为“珍稀植物”。

hǎn jiàn de gǒngtóng

罕见的珙桐

gǒngtóng shì yī zhǒng gāo dà de luò yè shù tā zhǐ shēng
珙桐是一种高大的落叶树，它只生
zhǎng zài zhōngguó yún nán děng shěng de yuán shǐ sēn lín zhōng jí wéi
长在中国云南等省的原始森林中，极为
zhēn xī hǎn jiàn bèi liè wéi wǒ guó yī jí bǎo hù zhí wù
珍稀罕见，被列为我国一级保护植物。

gǒngtóng
◀ 珙桐

chá zú huánghòu

“茶族皇后”

jīn chá huā shì yī zhǒng gǔ lǎo de zhí
金茶花是一种古老的植
wù quán shì jiè de yě shēng jīn chá
物，全世界90%的野生金茶
huā jǐn fēn bù yú wǒ guó guǎng xī de dà shān
花仅分布于我国广西的大山
zhōng yǐ jīn chá huā wéi yuán liào zhì chéng
中。以金茶花为原料制成
de chá yè jiào zuò jīn huā chá tā bèi róng
的茶叶叫做金花茶，它被荣
chēng wéi chá zú huánghòu
称为“茶族皇后”。

gāo dà de wàngtiān shù
高大的望天树

wàngtiān shù shì rè dài yǔ lín zhōng zuì gāo de shù mù yīn wèi qí
望天树是热带雨林中最高的树木，因为其
jiē de guǒ shí hěnshǎo zài jiā shàngbìngchóng hài dǎo zhì de luò guǒ xiànxiàng
结的果实很少，再加上病虫害导致的落果现象
shí fēn yánzhòng suǒ yǐ yě wài shùliàng shí fēn xī shǎo xiàn yǐ bèi liè wéi
十分严重，所以野外数量十分稀少，现已被列为
guó jiā yī jí bǎo hù zhí wù
国家一级保护植物。

wàngtiān shù
▶ 望天树

小知识

sù yǒu zhí wù huó huà shí zhī chēng de shuǐ shān shì zhōng guó tè chǎn de jié yí zhēn guì shù zhǒng
素有植物活化石之称的水杉是中国特产的孑遗珍贵树种。

yín shān
▲ 银杉

zhí wù jiè de guó bǎo
植物界的“国宝”

yín shān shì sān bǎi wànniánqián dì sì jì
银杉是三百万年前第四纪
bīngchuānhòu cán liú xià lái zhì jīn de zhí wù
冰川后残留下来至今的植物，
yě shì zhōngguó tè yǒu de shì jiè zhēn xī wù
也是中国特有的世界珍稀物
zhǒng hé shuǐshān yín xìng yī qǐ bèi yù wéi
种，和水杉、银杏一起被誉为
zhí wù jiè de guó bǎo
植物界的“国宝”。

huì yùn dòng de zhí wù
会运动的植物

zhí wù dà duō zhā gēn tǔ rǎng zhī zhōng yīn ér gěi rén zào chéng le jìng zhǐ bù dòng de gǎn jué
植物大多扎根土壤之中，因而给人造成了静止不动的感觉。

shì shí shàng dà duō shù zhí wù dí què shì chù yú jìng zhǐ zhuàng tài de dàn réng yǒu wéi shù bù shǎo
事实上，大多数植物的确是处于静止状态的。但仍有为数不少

de zhí wù kān dāng yì lèi dài yǒu jiào wéi míng xiǎn de yùn dòng tè zhēng
的植物堪当异类，带有较为明显的“运动”特征。

hán xiū cǎo
含羞草

hán xiū cǎo
▲ 含羞草

hán xiū cǎo xiàng tā de míng zi yī yàng pà xiū tā de yè zi rú guǒ yù dào chù dòng huì lì jí hé lǒng qǐ lái chù dòng de lì liàng yuè dà hé de yuè kuài zhěng gè yè zi dōu huì chuí xià xiàng yǒu qì wú lì de yàng zi zhěng gè dòng zuò zài jǐ miǎo zhōng jiù néng wán chéng
含羞草向它的名字一样怕羞，它的叶子如果遇到触动，会立即合拢起来，触动的力量越大，合得越快，整个叶子都会垂下，像有气无力的样子，整个动作在几秒钟就能完成。

wǔ cǎo
舞草

wǔ cǎo kàn sì pǔ tōng dàn què kě yǐ bàn suí yīn yuè piān piān qǐ wǔ wǔ cǎo tiào wǔ shí tóng yī zhí zhū shang gè xiǎo yè zài yùn dòng shí suī rán yǒu kuài yǒu màn dàn què pō jù jié zòu
舞草看似普通，但却可以伴随音乐翩翩起舞。舞草“跳舞”时，同一植株上各小叶在运动时虽然有快有慢，但却颇具节奏。

xiàng rì kuí
向日葵

xiàng rì kuí
▼ 向日葵

xiàng rì kuí de jīngzhōnghányǒu yī zhǒng
向日葵的茎中含有一种
shēngzhǎng sù de wù zhì tā yǒu yī gè
生长素的物质，它有一个
guài pí qì zǒng ài duǒ zhe yáng
怪脾气，总爱“躲”着阳
guāng tài yáng yī chū lái tā biàn
光，太阳一出来，它便
táo dào jīng de bèi guāng miàn yú
“逃”到茎的背光面，于
shì jīng de bèi guāng miàn zǒng shì shēng
是，茎的背光面总是生
zhǎng de yào kuài xiē suǒ yǐ xiàng rì kuí de xiào liǎn zǒng shì suí zhe tài yáng zhuàn
长的要快些。所以，向日葵的“笑脸”总是随着太阳转。

小知识

zài běi měi zhōu de dà
在北美洲的大
cǎo yuánshang yǒu yī zhǒng huì
草原上，有一种会
zǒu lù de zhí wù jiào fēng
“走路”的植物叫风
gǔn cǎo
滚草。

bù xíng xiān rén zhǎng
步行仙人掌

zài nán měi zhōu bì lǔ de shā mò dì qū shēngzhǎngzhe lìng yī
在南美洲秘鲁的沙漠地区，生长着另一
zhǒng huì zǒu de zhí wù bù xíng xiān rén zhǎng zhèzhǒng
种会“走”的植物——“步行仙人掌”。这种
xiān rén zhǎng de gēn shì yóu yī xiē dài cì de nèn zhī gòuchéng de tā
仙人掌的根是由一些带刺的嫩枝构成的，它
nénggòu kào zhe fēng de chuīdòng xiàngqián yí dòng hěn dà de yī duàn lù chéng
能够靠着风的吹动，向前移动很大的一段路程。

zhí wù yì shù
植物艺术

měi lì de zhí wù kě yǐ jiāng wǒ men zhōu wéi de huán jìng zhuāng diǎn de fèn wài yí rén xǔ duō
美丽的植物可以将我们周围的环境装点得分外宜人，许多
rè ài shēng huó hé xiǎng shòu shēng huó de rén gèng shì fù yǔ le zhí wù xīn de yì shù qì xī yòng tā
热爱生活和享受生活的人更是赋予了植物新的艺术气息，用它
men lái táo yě qíng cāo hé měi huà shēng huó shǐ zì jǐ de shēng huó huán jìng gèng jiā měi hǎo
们来陶冶情操和美化生活，使自己的生活环境更加美好。

pén jǐng yì shù
盆景艺术

pén jǐng shì dà zì rán jǐng wù de suō yǐng shì fēi cháng měi lì de yī zhǒng yì shù xíng shì yǒu
盆景是大自然景物的缩影，是非常美丽的一种艺术形式。有
xiē zhí wù pén jǐng shì yóu dān dú de zhí wù zhòng zhí ér chéng
些植物盆景是由单独的植物种植而成
de rú shù zhuāng pén jǐng ér shān shuǐ pén jǐng
的，如树桩盆景。而山水盆景
děng zé shì bǎ zhí wù yǔ shuǐ shí kuài
等则是把植物与水、石块
bù zhì zài yī qǐ de
布置在一起的。

shù zhuāng pén jǐng
◀ 树桩盆景

小知识

jiāng bǎi hé huā chā rù táng shuǐ zhōng kě yǐ cháng jiǔ bǎo chí bǎi hé huā de tián xiāng gǎn jué
将百合花插入糖水中，可以长久保持百合花的甜香感觉。

chā huā yì shù
插花艺术

chā huā shì zhǐ jiāng jiǎn qiē xià lái de zhí wù de zhī
插花是指将剪切下来的植物的枝、
yè huā guǒ zuò wéi sù cái jīng guò yī dìng de xiū jiǎn
叶、花、果作为素材，经过一定的修剪、
zhěng zhī wān qū děng jì shù hé yì shù jiā gōng chóng xīn
整枝、弯曲等技术和艺术加工，重新
pèi zhì chéng yī jiàn jīng zhì měi lì de huā huì yì shù pǐn
配置成一件精致美丽的花卉艺术品。

gēn diāo yì shù
根雕艺术

gēn diāo tōng guò duì shù gēn de gòu sī lì yì yì shù jiā gōng jí gōng yì chǔ lǐ chuàng zuò chū
根雕通过对树根的构思立意、艺术加工及工艺处理，创作出
rén wù dòng wù qì wù děng yì shù xíng xiàng wǒ guó zhàn guó shí qī de gēn diāo yì shù zuò pǐn bì
人物、动物、器物等艺术形象。我国战国时期的根雕艺术作品《辟
xié jiù shì jí fù dòng shì shén yùn sè cǎi gǔ yǎ pǔ shí de zuò pǐn
邪》就是极富动势神韵、色彩古雅朴实的作品。

qí miào de huā zhōng
奇妙的花钟

zhí wù de kāi huā shí jiān bù tóng zhè shì rén suǒ gòng zhī de zǎo zài duō nián qián ruì
植物的开花时间不同，这是人所共知的。早在200多年前，瑞
diǎn zhí wù xué jiā jiù lì yòng zhè zhǒng xiàn xiàng zài huā pǔ lǐ shè jì le yī gè huā zhōng yī tiān
典植物学家就利用这种现象在花圃里设计了一个“花钟”，一天
dāng zhōng tōng guò kàn bù tóng de huā duǒ kāi fàng jiù néng zhī dào dāng shí shì jǐ diǎn zhōng
当中，通过看不同的花朵开放，就能知道当时是几点钟。

植物和生态

绿色植物是美化大自然的使者，将新鲜的空气和美好的环境带给我们。同时，它们还是地球上最大规模地把无机物转化为有机物，把光能转化为可贮存化学能的“绿色工厂”。

植物利用阳光补充能量

补充氧气

绿色植物在进行光合作用的过程中，吸收空气中的二氧化碳，释放出氧气，这就补充了动物和人类呼吸、燃烧等耗氧引起的氧气不足。

拓荒者

绿色植物是地球的拓荒者，原先的地球大陆是没有生命的蛮荒世界，那真正是赤地千里。自从植物从海洋向大陆进军，并成功登陆后，才改变了地球原有的面貌。

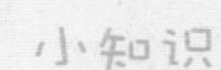

小知识

银杏一年之中仅在秋季叶子橙黄色时显得十分显眼。

téngběn zhí wù lǜ huà
藤本植物绿化

zài gōngyuán tíngyuàn de yóuláng huā jià yáng tái děng dì fang kě yǐ zhòng zhí gè zhǒng gè yàng de téngběn zhí wù tā men jì kě shí xiàn fán huā sì jǐn de jǐngguānxiào guǒ yòu kě wèi rén men tí gōng nà liáng de chǎngsuǒ zuì jiā de bèi xuǎn zhí wù kě xuǎnyòng zǐ téng hú lu jīn yín huāděng

在公园、庭院的游廊、花架阳台等地方，可以种植各种各样的藤本植物，它们既可实现繁花似锦的景观效果，又可为人们提供纳凉的场所。最佳的备选植物可选用紫藤、葫芦、金银花等。

jīn yín huā yòumíng rěn dōng
▲金银花又名忍冬

shēng tài huánjìng duì zhí wù de zuòyòng
生态环境对植物的作用

shēng tài huánjìngzhōng gè zhǒng yīn zǐ duì zhí wù de yǐngxiǎng shì zōng hé de quē fá qí zhōngmǒu yī gè zhí wù dōu bù kě néngzhèngchángshēngzhǎng zài bù tóng de huánjìngzhōng yě shēngzhǎngzhe bù tóng de zhí wù zhǒng lèi xiàng luò yè sōng zhǐ néngshēngzhǎng zài hán lěng de běi fāng huò gāo hǎi bá chù mù miánquè yāo qiú shēngzhǎng zài yángguāngchōng zú zhī chù

生态环境中各种因子对植物的影响是综合的，缺乏其中某一个，植物都不可能正常生长。在不同的环境中也生长着不同的植物种类，像落叶松只能生长在寒冷的北方或高海拔处，木棉却要求生长在阳光充足之处。

xuě sōng
▼雪松

植物与人类

植物与人类有着相当密切的联系：采集植物的种子果腹、利用木材建造各种各样的屋宇房舍、利用植物制造各种工具和艺术品……植物的功能不胜枚举，在人类的发展历程中作出了不可磨灭的贡献，成为人类不可或缺的朋友。如今，随着科学技术的不断发展，植物的用途也在不断地被发掘出来，人类对植物的作用又有了新的认识，对植物也就更加重视了。

liáng shí zuò wù
粮食作物

liáng shí zuò wù yǔ rén lèi de shēng cún zuì wéi mì qiè shì rén lèi zhǔ yào de shí wù lái yuán
粮食作物与人类的生存最为密切，是人类主要的食物来源。
zhǔ yào de liáng shí zhí wù bāo kuò xiǎo mài shuǐ dào yù mǐ yàn mài hēi mài dà mài
主要的粮食植物包括小麦、水稻、玉米、燕麦、黑麦、大麦、
sù gāo liáng hé qīng kē děng qí zhōng xiǎo mài shuǐ dào hé yù mǐ zhàn shì jiè shang shí wù de yī
粟、高粱和青稞等。其中小麦、水稻和玉米占世界上食物的一
bàn yǐ shàng
半以上。

shuǐ dào 水稻

shuǐ dào suǒ jiē de dào lì qù ké hòu chēng wéi dà mǐ shì jiè shang jìn yī bàn rén kǒu dōu
水稻所结的稻粒去壳后，称为大米。世界上近一半人口，都
yǐ dà mǐ wéi shí shuǐ dào chú kě shí yòng wài hái kě yǐ niàng jiǔ zhì táng zuò gōng yè yuán liào
以大米为食。水稻除可食用外，还可以酿酒、制糖作工业原料，
dào ké dào gǎn yě yǒu hěn duō yòng chù
稻壳、稻秆也有很多用处。

▼ shuǐ dào 水稻

小麦

小麦是一种温带长日照植物，根据对温度的要求不同，可把小麦分为冬小麦和春小麦两种类型，不同地区种植不同类型。由小麦磨成的面粉除供人类食用外，加工后副产品还是牲畜的优质饲料。

▲小麦是北方的主要粮食作物

玉米

小知识

袁隆平对杂交水稻的研究作出了巨大贡献，被誉为“杂交水稻之父”。

玉米起源于美洲，属于饲料农作物。相对于其他种类的农作物来说，玉米的营养含量比较低，所以多用它来做饲料，但在许多地区也将它作为主食。除食用外，玉米也是工业酒精和烧酒的主要原料。

◀我国古代的主要粮食作物绿色小米

粟

粟在北方通称“谷子”，去皮后称“小米”。这种植物原产于中国北方黄河流域，是我国古代的主要粮食作物。

豆类植物

豆类的营养价值非常高，富含蛋白质、脂肪、无机盐和维生素等。我国传统饮食讲究“五谷宜为养，失豆则不良”，意思是说五谷是有营养的，但没有豆子就会失去平衡。

豆类植物分类

豆类植物包括各种豆科植物的可食种子。总的来说，可食用的豆类包括大豆、豌豆、蚕豆、豇豆、绿豆、小豆、芸豆等；可作饲料的豆类有：紫云英、苜蓿、蚕豆、翘摇等。

橙色的种子荚

高营养

每天坚持食用豆类食品，人体就可以减少脂肪含量，增强免疫力，降低患病的几率。因此，很多营养学家都呼吁用豆类食品代替一定量的肉类等动物性食品。

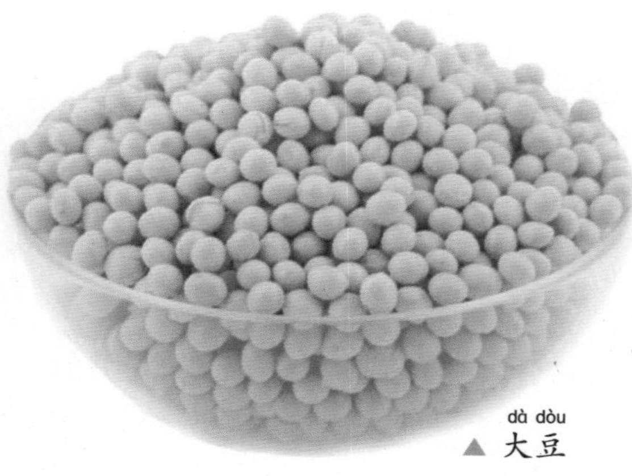

dà dòu
▲ 大豆

dà dòu
大豆

dà dòu wéi yī niánshēng cǎo běn zhí wù
大豆为一年生草本植物，
yuánchǎn wǒ guó xíngzhuàng yī bān chéng tuǒ yuán
原产我国，形状一般呈椭圆
xíng hé qiú xíng yán sè yǒu huáng sè lǜ sè
形和球形，颜色有黄色、绿色、
hēi sè děng dà dòu zuì cháng yòng lái zuò gè zhǒng
黑色等。大豆最常用来做各种
dòu zhì pǐn hái kě yā dòu yóu liàn jiàng yóu hé tí liàn dàn bái zhì
豆制品，还可压豆油、炼酱油和提炼蛋白质。

cán dòu
蚕豆

cán dòu qǐ yuán yú xī nán yà hé běi fēi xiāng chuán xī hàn zhāng qiān chū shǐ xī yù hòu jiāng cán
蚕豆起源于西南亚和北非，相传西汉张骞出使西域后将蚕
dòu yǐn rù zhōng guó cán dòu zài wǒ guó gè dì dōu yǒu zhòng zhí zhǔ yào yòng yú dào mài tián tào
豆引入中国。蚕豆在我国各地都有种植，主要用于稻、麦田套
zhòng hé zhōng gēng zuò wù háng jiān jiàn zhòng zhāi xià tā qīng nèn de jiá guǒ jì kě yǐ zuò shū cài yòu kě
种和中耕作物行间间种，摘下它青嫩的荚果既可以作蔬菜又可
shí yòng qí zhǒng zǐ
食用其种子。

小知识

hēi dòu yǒu wū fà de
黑豆有乌发的
zuò yòng duō shí kě zēngqiáng
作用，多食可增强
tǐ zhì kàngshuāi lǎo lìng tóu
体质，抗衰老，令头
fà wū hēi liàng lì
发乌黑亮丽。

wān dòu
豌豆

wān dòu shì yìng xìng hěn qiáng zài quán shì jiè
豌豆适应性很强，在全世界
guǎng fàn fēn bù wān dòu jì kě zuò shū cài chǎo
广泛分布。豌豆既可作蔬菜炒
shí guǒ shí chéng shú hòu yòu kě mó chéng wān dòu miàn
食，果实成熟后又可磨成豌豆面
fěn shí yòng yīn wān dòu dòu lì yuán rùn xiān lǜ
粉食用。因豌豆豆粒圆润鲜绿，
shí fēn hǎo kàn yě cháng bèi yòng lái zuò wéi pèi cài
十分好看，也常被用来作为配菜，
yǐ zēng jiā cài yáo de sè cǎi cù jìn shí yù
以增加菜肴的色彩，促进食欲。

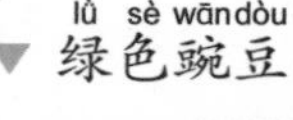

lǜ sè wān dòu
▼ 绿色豌豆

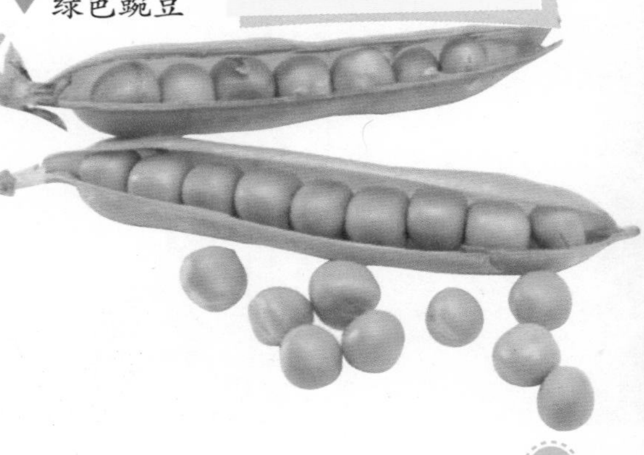

mù cái zhí wù
木材植物

mù cái zhí wù yìng yòng guǎng fàn rén men zài zhì zuò jiān gù de fáng wū měi guān shí yòng de
木材植物应用广泛，人们在制作坚固的房屋、美观实用的
jiā jù yǐ jí chē chuán qiáo liáng děng dōu huì yòng dào tā men rú jīn suī rán yǒu le shuǐ
家具以及车、船、桥梁等，都会用到它们。如今，虽然有了水
ní gāng tiě hé sù liào lì yòng de mù cái bǐ yǐ qián shǎo le dàn shì zhì zào qí zhōng de mǒu
泥、钢铁和塑料，利用的木材比以前少了，但是制造其中的某
xiē bù jiàn hái shì lí bù kāi mù cái
些部件，还是离不开木材。

shān shù
◀ 杉树
bèi chēng wéi
被称为
wàn néng zhī
“万能之
mù
木”。

shān mù
杉木

shān mù shǔ yú cháng lǜ qiáo mù
杉木属于常绿乔木，
zhǔ yào chǎn yú wǒ guó shān mù mù cái jù
主要产于我国。杉木木材具
yǒu zhì dì qīng mù wén píng zhí jié gòu
有质地轻、木纹平直、结构
xì mì nài xiǔ yì jiā gōng bù yì
细密、耐朽、易加工、不易
shòu chóng zhù děng yōu diǎn shì yī zhǒng
受虫蛀等优点，是一种
liáng hǎo de yòng cái shù zhǒng
良好的用材树种。

小知识

tiě huà shù de mù zhì
铁桦树的木质
bǐ pǔ tōng de gāng yìng yī
比普通的钢硬一
bèi shì shì jiè shang zuì yìng
倍，是世界上最硬
de mù cái
的木材。

▲马尾松

马尾松

马尾松别名松柏、青松，是一种重要的用材树种，松木主要供建筑、包装箱、胶合板等使用。马尾松的木材含有很高的纤维素，脱脂后成为造纸和人造纤维工业的重要原料。

珍贵的楠木

楠木是一种极高档的木材，为我国所特有，是驰名中外的珍贵用材树种。它的颜色在浅橙黄中又略带灰意，纹理淡雅文静，质地温润柔和，若是遇上下雨，还会发出阵阵幽香。

毛竹

▶毛竹

毛竹是多年生常绿树种，它生长快、产量高、材质好、用途广，在现代建筑工程中常用来搭工棚和脚手架。另外，毛竹的韧性强，纹理通直，坚硬光滑，可以制作生活和艺术用品。

yóu liào zhí wù
油料植物

yóu shì wǒ men zài pēng rèn shí wù shí bì bù kě shǎo de yī zhǒng zuǒ liào tā zhǔ yào lái zì
油是我们在烹饪食物时必不可少的一种佐料，它主要来自
yóu liào zhí wù néng gòu zhà yóu de zhí wù hěn duō bǐ rú dà dòu yóu cài huāshēng zhī
油料植物。能够榨油的植物很多，比如大豆、油菜、花生、芝
ma xiàng rì kuí yóu gǎn lǎn děng qí zhōng yóu cài dà dòu huāshēng hé zhī ma bìngchēng wéi
麻、向日葵、油橄榄等。其中油菜、大豆、花生和芝麻并称为
wǒ guó sì dà yóu liào zuò wù
我国四大油料作物。

bì má
蓖麻

bì má shì yī zhǒng yóu liào zuò wù tā de zhǒng zi hán yóu lǜ shì qí tā yóu liào zuò wù suǒ bù
蓖麻是一种油料作物，它的种子含油率是其他油料作物所不
néng jí de jǐn guǎn hán yóu liàng kě guān bì má yóu què bù néng shí yòng zhè zhǒng yóu jīng jì jià zhí
能及的。尽管含油量可观，蓖麻油却不能食用。这种油经济价值
gāo zài yī yào shang yòng zuò xiè yào gōng yè shang zuò rùn huá yóu
高，在医药上用做泻药，工业上做润滑油。

bì má
▼ 蓖麻

小知识

gǎn lǎn yóu shì shì jiè shang zuì zhǔ yào de yóu zhī zhī yī bèi yù wéi yè tǐ huáng jīn
橄榄油是世界上最主要的油脂之一，被誉为“液体黄金”。

xiàng rì kuí 向日葵

xiàng rì kuí wéi shì jiè sì dà yóu liào zuò wù zhī yī tā de zhǒng zi fù hán yóu zhī shì yī zhǒng jí fù bǎo jiàn zuò yòng de shí yòng yóu

向日葵为世界四大油料作物之一，它的种子富含油脂，是一种极富保健作用的食用油。

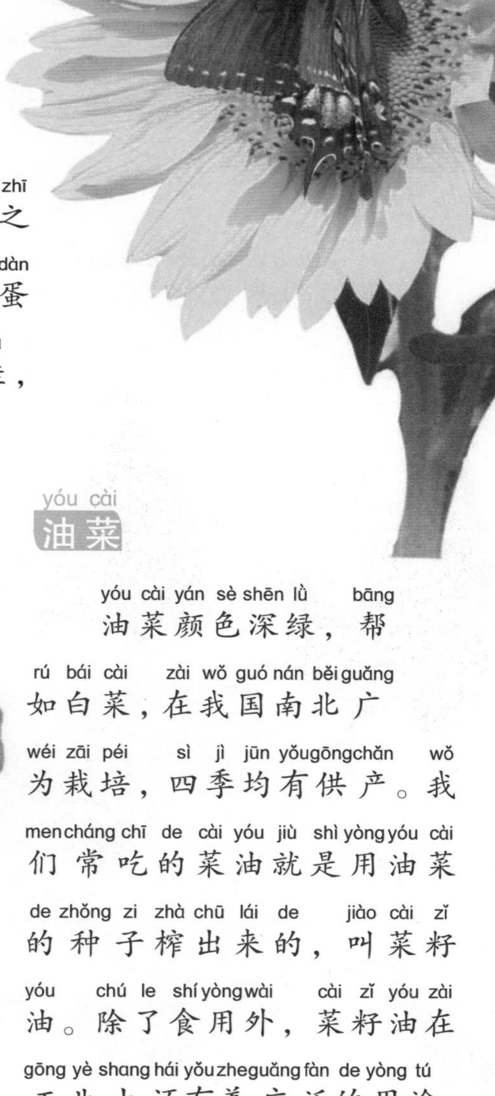

xiàng rì kuí ▶ 向日葵

huāshēngyóu 花生油

huāshēng shì wǒ guó zuì zhòngyào de yóu liào zuò wù zhī yī tā de zhǒng rén nèi hán yǒu dà liàng de zhī fáng hé dàn bái zhì zài zhí wù yóuzhōng huāshēngyóu pǐn zhì zuì jiā chú shí yòng wài gōng yè yǒu duōzhǒngyòng tú

花生是我国最重要的油料作物之一，它的种仁内含有大量的脂肪和蛋白质，在植物油中，花生油品质最佳，除食用外，工业有多种用途。

yóu cài ▼ 油菜

yóu cài 油菜

yóu cài yán sè shēn lǜ bāng rú bái cài zài wǒ guó nán běi guǎng wéi zāi péi sì jì jūn yǒu gōngchǎn wǒ men cháng chī de cài yóu jiù shì yòng yóu cài de zhǒng zi zhà chū lái de jiào cài zǐ yóu chú le shí yòng wài cài zǐ yóu zài gōng yè shang hái yǒu zhe guǎng fàn de yòng tú

油菜颜色深绿，帮如白菜，在我国南北广为栽培，四季均有供产。我们常吃的菜油就是用油菜的种子榨出来的，叫菜籽油。除了食用外，菜籽油在工业上还有着广泛的用途。

xiān wéi zhí wù
纤维植物

wǒ men chuān de yī fú yòng de bù liào dōu lí bù kāi zhí wù xiān wéi zhè xiē zhí wù xiān wéi dà duō shì cóng xiān wéi zhí wù zhōng tí qǔ de xiān wéi zhí wù shì zhǐ lì yòng qí xiān wéi zuò fǎng zhī zào zhǐ yuán liào huò zhě shéng suǒ de zhí wù rú mián dà má huáng má jiàn má děng

我们穿的衣服，用的布料，都离不开植物纤维，这些植物纤维大多是从纤维植物中提取的。纤维植物是指利用其纤维作纺织、造纸原料或者绳索的植物，如棉、大麻、黄麻、剑麻等。

miánhuā 棉花

wǒ men yòng lái fǎng zhī de xiān wéi shì miánhuā zhǒng zi biǎo miàn de róng máo róng máo de cháng duǎn biāo zhì zhe miánhuā zhì liàng de yōu liè jīng guò jiā gōng zhī hòu róng máo biàn kě cóng zhǒng zi shang tuō lí xià lái rén men yòng miánhuā zhī chū bái sè de mián bù zài jīng guò rǎn sè hòu biàn chéng wǔ yán liù sè de mián bù mián bù zhì dì róu ruǎn duì pí fū yǒu hěn hǎo de bǎo hù zuò yòng

我们用来纺织的纤维是棉花种子表面的绒毛，绒毛的长短标志着棉花质量的优劣。经过加工之后，绒毛便可从种子上脱离下来。人们用棉花织出白色的棉布，再经过染色后，变成五颜六色的棉布。棉布质地柔软，对皮肤有很好的保护作用。

miánhuā shì zhòng yào de xiān wéi zhí wù
▲ 棉花是重要的纤维植物

小知识

mián zuì yǒu yòng de bù fen jiù shì mián táo liè kāi hòu lù chū lái de jǐ tuán róu ruǎn de xiān wéi

棉最有用的部分就是棉桃裂开后露出来的几团柔软的纤维。

zhù má
苎麻

zhù má yuánchǎnzhōngguó shì jí hǎo de zhī bù cái liào zài
苎麻原产中国，是极好的织布材料。在
gè zhǒng má lèi xiān wéi zhōng zhù má xiān wéi zuì cháng zuì xì tā de
各种麻类纤维中，苎麻纤维最长最细。它的
xiān wéi yǒu jiāo zhì yòng qí bù zuò chéng de yī fu qīng liáng shū shì
纤维有胶质，用其布做成的衣服清凉舒适，
shēnshòuhuānyíng
深受欢迎。

zhù má zài guó jì shangchēng wéi zhōngguó cǎo
▶ 苎麻在国际上称为“中国草”。

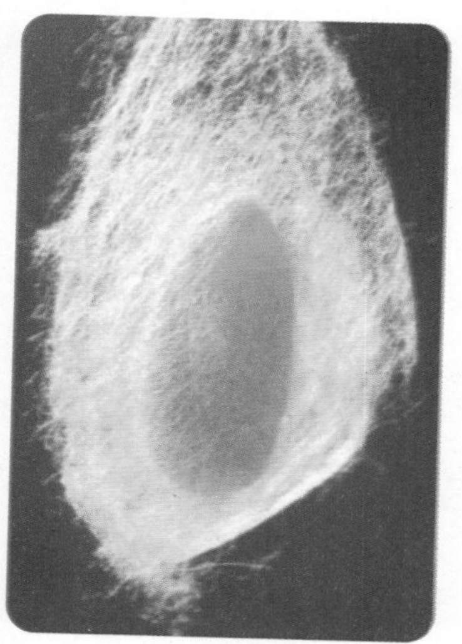

cán jiǎn
◀ 蚕茧

sāngshù
桑树

sāngshù shì yī zhǒngchángjiàn de zhí wù tā chángcháng
桑树是一种常见的植物，它常常
shēngzhǎng zài shān pō shang yè zi hěnkuān rén men lì yòng tā
生长在山坡上，叶子很宽，人们利用它
lái yǎngcán cán chī le sāng yè hòu huì tǔ sī jié jiǎn cán jiǎn
来养蚕，蚕吃了桑叶后会吐丝结茧。蚕茧
jīng guò jiā gōng yǐ hòu kě yǐ zhī chéngguānghuá róu ruǎn de sī chóu
经过加工以后，可以织成光滑柔软的丝绸。

jiàn xuè fēng hóu
见血封喉

jiàn dú mù shù
▶ 箭毒木树

jiàn dú mù shù yòumíngjiàn xuè fēng hóu shì yī zhǒng
箭毒木树又名见血封喉，是一种
gāo dà de cháng lǜ qiáo mù tā de shù pí xiān wéi xì
高大的常绿乔木，它的树皮纤维细
cháng qiáng lì dà róng yì tuō jiāo kě yǐ
长，强力大，容易脱胶，可以
zuò wéi má lèi de dài yòng pǐn yě kě yǐ
作为麻类的代用品，也可以
zuò wéi rén zào xiān wéi de yuán liào
作为人造纤维的原料。

shū cài zhí wù
蔬菜植物

shū cài zhǔ yào zhǐ gōng shí yòng de róu nèn duō zhī de zhí wù qì guān qí zhōng dà duō shù wéi
蔬菜主要指供食用的柔嫩多汁的植物器官，其中大多数为
cǎo běn zhí wù shū cài hán yǒu rén tǐ bì xū de gè zhǒng wéi shēng sù kuàng wù zhì hé xiān wéi sù
草本植物。蔬菜含有人体必需的各种维生素、矿物质和纤维素，
néng bǎo chí rén tǐ de jiàn kāng shì rén men shēng huó zhōng bù kě quē shǎo de yíng yǎng shí pǐn
能保持人体的健康，是人们生活中不可缺少的营养食品。

hú luó bo
胡萝卜

hú luó bo shì yī zhǒng yíng yǎng jià zhí hěn gāo de shū
胡萝卜是一种营养价值很高的蔬
cài fù hán duō zhǒng wéi shēng sù hé fēng fù de hú luó bo
菜，富含多种维生素和丰富的胡萝卜
sù chú le dāng shū cài shí yòng yǐ wài tā hái kě zuò
素，除了当蔬菜食用以外，它还可做
chéng guǒ cài zhī shì qīng liáng yíng yǎng de yǐn liào
成果菜汁，是清凉营养的饮料。

hú luó bo
▲胡萝卜

zài xī fāng nán guā cháng yòng lái zuò chéng nán guā pài
▼在西方南瓜常用来做成南瓜派，
nán guā zhǒng zǐ kě yǐ zuò líng shí
南瓜种子可以做零食

nán guā
南瓜

nán guā shǔ yú hú lu kē nán guā shǔ de
南瓜属于葫芦科南瓜属的
zhí wù yuán chǎn yú běi měi zhōu nán guā yíng
植物，原产于北美洲。南瓜营
yǎng fēng fù chú le yǒu jiào gāo de shí yòng jià
养丰富，除了有较高的食用价
zhí hái yǒu zhe bù kě hū shì de shí liáo zuò yòng
值，还有着不可忽视的食疗作用。

小知识

huáng guā xiāng cuì kě
黄瓜香脆可
kǒu shì rè liàng zuì dī de
口，是热量最低的
shū cài zhí wù
蔬菜植物。

xī hóng shì
▶ 西红柿

shū cài zhōng de shuǐ guǒ
“蔬菜中的水果”

xī hóng shì yě chēng fān qié bèi rén men měi yù wéi shū cài zhōng de shuǐ guǒ xī hóng shì
西红柿也称番茄，被人们美誉为“蔬菜中的水果”。西红柿
suān tián kě kǒu fù hán fēng fù de wéi shēng sù kě shēng chī kě chǎo cài kě zhà zhī kě zuò
酸甜可口，富含丰富的维生素，可生吃、可炒菜、可榨汁、可做
jiàng yòng tú xiāng dāng guǎng fàn
酱，用途相当广泛。

shēng cài
生菜

shēng cài yòu míng yè yòng wō jù yīn wèi néng shēng chī ér dé míng tā yuán chǎn yú dì zhōng hǎi yán àn yīn wèi tā néng shēng shí chǎo shí huò shuàn guō cuì nèn wú bǐ xiān měi kě kǒu jù yǒu shí yòng bǎo jiàn jià zhí pō shòu xiāo fèi zhě qīng lài
生菜又名叶用莴苣，因为能生吃而得名，它原产于地中海沿岸，因为它能生食、炒食或涮锅，脆嫩无比，鲜美可口，具有食用保健价值，颇受消费者青睐。

shēng cài jù yǒu qīng rè ān shén qīng gān lì dǎn yǎng wèi de gōng xiào
▼ 生菜具有清热安神、清肝利胆、养胃的功效

kě kǒu de shuǐ guǒ

可口的水果

shuǐ guǒ shì zhǐ duō zhī qiě yǒu tián wèi de zhí wù guǒ shí bù dàn hán yǒu fēng fù de yíng yǎng
水果是指多汁且有甜味的植物果实，不但含有丰富的营养，
ér qiě néng gòu bāng zhù rén tǐ xiāo huà yóu qí shì xīn xiān de shuǐ guǒ shì rén tǐ wéi shēng sù de
而且能够帮助人体消化。尤其是新鲜的水果，是人体维生素C的
zhǔ yào lái yuán shuǐ guǒ yǐ qí xiāng tián kě kǒu de tè zhì shēn shòu rén men de xǐ ài
主要来源。水果以其香甜可口的特质，深受人们的喜爱。

lǎo shào xián yí de píng guǒ

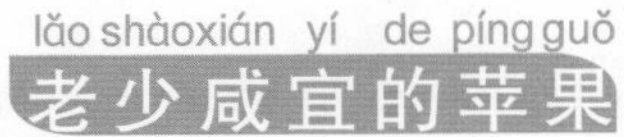

老少咸宜的苹果

píng guǒ shì yī zhǒng cháng jiàn de shuǐ guǒ tā suān tián kě kǒu yíng yǎng fēng fù ér qiě yì yú xī shōu kě yǐ shuō shì lǎo shào xián yí
苹果是一种常见的水果。它酸甜可口，营养丰富，而且易于吸收，可以说是老少咸宜。

píng guǒ
▲苹果

guā zhōng zhī wáng

“瓜中之王”

hā mì guā yǒu guā zhōng zhī wáng de měi chēng tā hán táng liàng gāo fēng wèi dú tè wèi gān rú mì qí xiāng xí rén yǐn yù guó nèi wài
哈密瓜有“瓜中之王”的美称，它含糖量高，风味独特，味甘如蜜，奇香袭人，饮誉国内外。

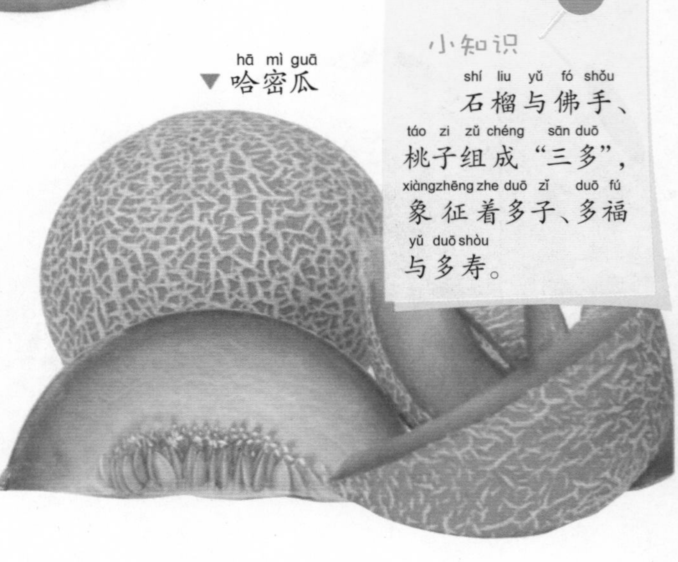

hā mì guā
▼哈密瓜

小知识

shí liu yǔ fó shǒu táo zi zǔ chéng sān duō xiàng zhēng zhe duō zǐ duō fú yǔ duō shòu
石榴与佛手、桃子组成“三多”，象征着多子、多福与多寿。

kě kǒu de shānzhā
▲ 可口的山楂

suāntián kě kǒu de shānzhā
酸甜可口的山楂

shānzhā shù shì yī zhǒng luò yè qiáo mù shì yìng xìng qiáng jí shǐ shì zài shānlǐng shang yě néng
山楂树是一种落叶乔木，适应性强，即使是在山岭上，也能
jiàn kāng zhuózhuàng de chéngzhǎng shānzhā de guǒ shí chéng qiú xíng xiānhóng kě ài wèi dào suāntián kě
健康茁壮地成长。山楂的果实呈球形，鲜红可爱，味道酸甜可
kǒu bù dàn hǎo chī hái kě yǐ rù yào
口，不但好吃，还可以入药。

bō luó
◀ 菠萝

guàntou zhī wáng
“罐头之王”

bō luó shì yī zhǒng rè dài shuǐguǒ yīn
菠萝是一种热带水果，因
guǒ dǐng yè zi yǒu rú fèng wěi guǒ ròu xiāng wèi
果顶叶子有如凤尾，果肉香味
sì lí yě bèi chēng wéi fèng lí zhè
似梨，也被称为“凤梨”。这
zhǒng shuǐ guǒ jīng cháng bèi jiā gōng zhì chéng gè shì
种水果经常被加工制成各式
gè yàng de shí pǐn qí zhōng yǐ gè zhǒng bō luó
各样的食品，其中以各种菠萝
guàn tou zuì cháng jiàn suǒ yǐ yǒu guàn tou zhī
罐头最常见，所以有“罐头之
wáng de měichēng
王”的美称。

tiáo wèi zhí wù
调味植物

tiáo liào shì pēng tiáo shí wù shí yòng lái tiáo wèi de wù pǐn zhèng shì yǒu le tā men shí pǐn
调料是烹调食物时用来调味的物品，正是有了它们，食品
de wèi dào cái huì biàn de gèng jiā fēng fù tiáo wèi pǐn duō shù qǔ zì bù tóng zhí wù de bù tóng bù
的味道才会变得更加丰富。调味品多数取自不同植物的不同部
fen bāo kuò guǒ shí gēn gàn huā shèn zhì zhǒng zi
分，包括果实、根、干、花甚至种子。

hú jiāo
胡椒

hú jiāo qì wèi fāngxiāng yǒu cì jī xìng jí qiáng liè de xīn là
胡椒气味芳香，有刺激性及强烈的辛辣
wèi yī bān jiā gōngchéng hú jiāo fěn yòng yú pēng zhì nèi zàng hǎi
味，一般加工成胡椒粉，用于烹制内脏、海
wèi lèi cài yáo huòyòng yú tānggēng de tiáo wèi jù yǒu
味类菜肴，或用于汤羹的调味，具有
qù xīng tí wèi de zuòyòng
祛腥提味的作用。

小知识
huā jiāo shù shǔ yú luò
花椒树属于落
yè guàn mù tā de guǒ shí
叶灌木，它的果实
yě shì yī zhǒngcháng jiàn de
也是一种常见的
tiáo liào
调料。

là jiāo
辣椒

là jiāo de guǒ shí wèichéngshú shí chéng lǜ sè chéngshú hòu biànchéng
辣椒的果实未成熟时呈绿色，成熟后变成
xiānhóng sè huáng sè huò zǐ sè là jiāo yīn hán yǒu là jiāo sù ér yǒu là
鲜红色、黄色或紫色。辣椒因含有辣椒素而有辣
wèi néngzēng jìn shí yù shì shēnshòu rén men xǐ ài de yī zhǒng tiáo wèi
味，能增进食欲，是深受人们喜爱的一种调味
pǐn hé shū cài
品和蔬菜。

là jiāo
▼辣椒

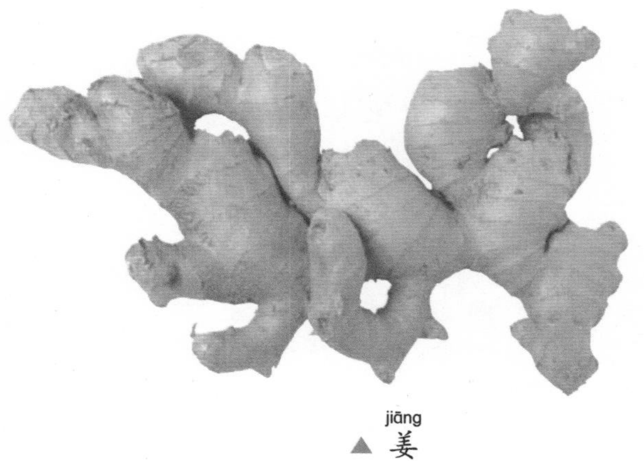

jiāng
▲ 姜

jiāng
姜

yòngjiāng zhì chū de tiáo wèi liào
用姜制出的调味料
xīn là xiāngwèi jiàozhòng zài cài yáo
辛辣香味较重，在菜肴
zhōng jì kě zuò tiáo wèi pǐn yòu kě
中既可作调味品，又可
zuò cài yáo de pèi liào shēngjiāng hái
作菜肴的配料，生姜还
kě yǐ gān shí huò zhě mó chéngjiāng fěn
可以干食或者磨成姜粉
shí yòng
食用。

dà cōng
大葱

dà cōng shì rén men zuì cháng shí yòng de tiáo wèi pǐn zhī
大葱是人们最常食用的调味品之
yī kě yǐ shēng chī yě kě liángbàndāngxiǎo cài shí yòng
一，可以生吃，也可凉拌当小菜食用。
zuò wéi tiáo liào dà cōngnéng qǐ dàozēng
作为调料，大葱能起到增
wèizēngxiāngzuòyòng
味增香作用。

dà cōng
▲ 大葱

dà suàn
大蒜

dà suàn
▼ 大蒜

dà suàn de dì xià lín jīng wèi dào xīn là
大蒜的地下鳞茎味道辛辣，
yǒu cì jī xìng qì wèi shì yī zhǒngchángjiàn de
有刺激性气味，是一种常见的
pēngtiáo zuǒ liào cǐ wài yīn wèi dà suànhán
烹调佐料。此外，因为大蒜含
yǒu dà suàn sù jù yǒu shā jūn hé yì zhì xì
有大蒜素，具有杀菌和抑制细
jūn de zuòyòng kě yǐ rù yào
菌的作用，可以入药。

饮料植物

茶、咖啡和可可并称为“世界三大饮料植物”。除此之外，自然界中还有许多植物可以制成美味可口的饮料，它们统一被称为饮料植物。

浓郁的茶香

茶属于常绿灌木或小乔木植物，茶叶就是用茶树的嫩叶做成的。茶水具有解毒和消除疲劳的作用，深受人们的喜爱。

▼ 绿色茶园

小知识

在中国，茶因为味道香醇浓郁，被誉为“国饮”。

“饮料之王”咖啡

咖啡树开白色的花，果实成熟后呈紫红或鲜红色。把咖啡的果实采收后，去掉果肉，就是能够加工成香浓咖啡的咖啡豆。喝咖啡有促进消化、提神醒脑的作用，因而被人们称为“饮料之王”。

▲咖啡豆

沙棘

沙棘是一种野生植物，它的果实中富含多种维生素。用沙棘原汁为主要原料可以制成酸甜适口，风味独特的沙棘果汁饮料。

可可

可可树遍布热带潮湿的低地，常见于高树的树阴处。可可豆成熟后，剥出果仁，可以研磨成可可粉。可可脂与可可粉主要用作饮料，制造巧克力、糕点及冰淇淋等食品。

◀树上的可可

fāng xiāng zhí wù
芳香植物

fāngxiāng zhí wù jù yǒu xiāng qì néng gòu tí qǔ fāngxiāng yóu cǐ lèi zhí wù zhǒng lèi fán duō
芳香植物具有香气，能够提取芳香油。此类植物种类繁多，
yòng tú guǎng fàn shēnshòu rén men de xǐ ài tā men de huā yè zi huò gēn dōu fù hán yí rén
用途广泛，深受人们的喜爱。它们的花、叶子或根都富含宜人
de fāngxiāng wù zhì néng gòu sàn fā chū gè zì dú tè de wèi dào
的芳香物质，能够散发出各自独特的味道。

mǐ lán
米兰

mǐ lán shì yī zhǒng fāngxiāng huā huì tā sì jì qīng zhī lǜ yè fēn
米兰是一种芳香花卉，它四季青枝绿叶、分
zhī duō yè piàn mì kāi jīn huáng sè de huā mǐ lán de huāxiāng qì
枝多、叶片密，开金黄色的花。米兰的花香气
nóng yù kě xūn zhì huā chá hé tí qǔ fāngxiāngyóu
浓郁，可熏制花茶和提取芳香油。

yánggān jú
◀ 洋甘菊

yánggān jú
洋甘菊

yáng gān jú yuánchǎn yú ōu zhōu
洋甘菊原产于欧洲，
zì gǔ jiù bèi shì wéi shénhuā suī
自古就被视为“神花”，虽
rán tā de huā duǒ bù dà dàn què xiǎo
然它的花朵不大，但却小
qiǎo jīng zhì qì wèi shí fēn fāngxiāng
巧精致，气味十分芳香。
zài luó mǎ shí qī yòng yánggān jú zhì
在罗马时期，用洋甘菊治
liáo shé yǎo shì mín jiān de jī běncháng shí
疗蛇咬是民间的基本常识。

bò he
薄荷

bò he xiāng qì shí fēn nóng yù kě yòng lái
薄荷香气十分浓郁，可用来
zhuāng diǎn jiā jū bò he chǎn pǐn jù yǒu tè shū
装点家居。薄荷产品具有特殊
de fāng xiāng xīn là gǎn hé liáng gǎn néng gòu shā
的芳香、辛辣感和凉感，能够杀
jūn kàng jūn yù fáng kǒu qiāng jí bìng shǐ kǒu qì
菌抗菌，预防口腔疾病，使口气
qīng xīn
清新。

bò he
▲薄荷

小知识

ōu zhōu rén rèn wéi bǎi lǐ xiāng xiàng zhēng yǒng qì zhōng shì jì cháng jiāng tā zèng gěi chū zhēng de qí shì
欧洲人认为百里香象征勇气，中世纪常将它赠给出征的骑士。

méi gui
玫瑰

yǐ méi gui de huā bàn huā lěi wéi yuán liào kāi fā de chǎn pǐn hěn
以玫瑰的花瓣、花蕾为原料开发的产品很
duō bāo kuò méi gui jīng yóu méi gui jìn gāo jìng yóu méi gui táng
多，包括玫瑰精油、玫瑰浸膏、净油、玫瑰糖
děng dōu shì jí míng guì de tiān rán chǎn pǐn cóng méi gui huā zhōng tí qǔ
等都是极名贵的天然产品。从玫瑰花中提取
de xiāng liào shì tiān rán xiāng liào yǒu yì yú rén de shēn tǐ jiàn kāng
的香料是天然香料，有益于人的身体健康。

bǎi lǐ xiāng
百里香

bǎi lǐ xiāng shì yī zhǒng shēng zhǎng zài dī
百里香是一种生长在低
hǎi bá dì qū de fāng xiāng cǎo běn zhí wù bǎi lǐ
海拔地区的芳香草本植物，百里
xiāng shǔ de jǐ lèi zhí wù tè bié shì yuán chǎn
香属的几类植物，特别是原产
dì zhōng hǎi dì qū de yín bān bǎi lǐ xiāng shì ōu
地中海地区的银斑百里香是欧
zhōu rén pēng rèn cháng yòng de xiāng liào wèi dào xīn
洲人烹饪常用的香料，味道辛
xiāng yòng lái jiā zài dùn ròu dàn huò tāng zhōng
香，用来加在炖肉、蛋或汤中。

bǎi lǐ xiāng
▼百里香

酿酒植物

植物的果实和种子里含有淀粉等营养成分，它们经过发酵后可以转化为酒精，经过加工后就变成了酒。我们常喝的白酒、葡萄酒、啤酒、米酒和果酒是用不同的植物和水果酿造而成的。

稻米

米酒的主要原料是稻米。世界上最好的米酒，是把稻米磨到原始大小的 30% 后，再酿造而成的，一点儿人工原料也不添加。

◀ 水稻

小知识

燕麦除了能够直接食用外，还是酿酒的好材料。

酒竹

酒竹是自然界中存在的一种能够天然造酒的植物。这种植物生长在坦桑尼亚的森林地区，它的竹液可直接当酒饮用，亦可贮存起来让它发酵。

pú tao
▲ 葡萄

niàng jiǔ pú tao
酿酒葡萄

pú tao shì shì jiè zuì gǔ lǎo de zhí wù zhī yī àn pǐn zhǒng kě fēn wéi xiān shí pú tao pǐn zhǒng
葡萄是世界最古老的植物之一，按品种可分为鲜食葡萄品种
hé niàng jiǔ pú tao pǐn zhǒng yòng yú niàng jiǔ de pú tao dà yuē kě fēn wéi bái pú tao hé hóng pú tao liǎng
和酿酒葡萄品种。用于酿酒的葡萄大约可分为白葡萄和红葡萄两
zhǒng bái pú tao zhǔ yào yòng lái niàng zhì qì pào jiǔ jí bái pú tao jiǔ hóng pú tao kě niàng zhì hóng pú
种。白葡萄主要用来酿制气泡酒及白葡萄酒。红葡萄可酿制红葡
tao jiǔ
萄酒。

pí jiǔ huā
啤酒花

pí jiǔ huā shì yī zhǒng duō nián shēng cǎo běn
啤酒花是一种多年生草本
màn xìng zhí wù zài pí jiǔ de niàng zào zhōng yǒu
蔓性植物，在啤酒的酿造中有
zhòng yào de zuò yòng tā kě yǐ shǐ pí jiǔ jù
重要的作用，它可以使啤酒具
yǒu qīng shuǎng de fāng xiāng qì kǔ wèi hé fáng
有清爽的芳香气、苦味和防
fǔ lì tóng shí tā hái kě yǐ xíng chéng pí
腐力。同时，它还可以形成啤
jiǔ yōu liáng de pào mò yǒu lì yú mài zhī de
酒优良的泡沫，有利于麦汁的
chéng qīng
澄清。

pí jiǔ huā
▶ 啤酒花

mì yuán zhí wù
蜜源植物

wǒ men cháng cháng néng gòu jiàn dào zài huā cóng jiān cǎi mì de xiǎo mì fēng shì shí shang bìng bù shì měi yī zhǒng zhí wù suǒ kāi de huā dōu néng chǎn shēng huā mì xī yǐn mì fēng de shēn yǐng zhǐ yǒu yī bù fen bèi chēng wéi mì yuán zhí wù suǒ kāi de huā cái huì shòu dào tā men de qīng lài

我们常常能够见到在花丛间采蜜的小蜜蜂。事实上，并不是每一种植物所开的花都能产生花蜜，吸引蜜蜂的身影。只有一部分被称为蜜源植物所开的花，才会受到它们的青睐。

zhǔ yào mì yuán zhí wù
主要蜜源植物

zhǔ yào mì yuán zhí wù de shù liàng duō fēn bù guǎng huā qī cháng néng gòu fēn mì duō liàng de huā mì hé shēng chǎn shāng pǐn mì shì fēng qún zhōu qī xìng zhuǎn dì sì yǎng de zhǔ yào mì yuán

主要蜜源植物的数量多、分布广、花期长，能够分泌多量的花蜜和生产商品蜜，是蜂群周期性转地饲养的主要蜜源。

lì zhī
荔枝

lì zhī shì yà rè dài dì qū de yī zhǒng tè chǎn guǒ shù tā kāi huā duō huā fāng xiāng duō mì shì yī zhǒng lǐ xiǎng de mì yuán zhí wù lì zhī mì jiù shì mì fēng cóng lì zhī huā zhōng cǎi jí de chéng qiǎn hǔ pò sè qì wèi fāng xiāng wèi dào tián měi hěn shòu guó nèi wài huān yíng

荔枝是亚热带地区的一种特产果树，它开花多，花芳香多蜜，是一种理想的蜜源植物，荔枝蜜就是蜜蜂从荔枝花中采集的，呈浅琥珀色，气味芳香，味道甜美，很受国内外欢迎。

shù shang de lì zhī
◀ 树上的荔枝

枇杷

枇杷的果实是我国南方特有的水果，被誉为“春天第一鲜果”。而浅白色的枇杷蜜堪称蜜中佳品，其性甘凉，具有滋阴润肺的作用。

▶ 枇杷

辅助蜜源植物

辅助蜜源植物种类较多，能分泌少量花蜜和产生少量花粉，在主要蜜源植物开花期不相衔接时，可用以调剂食料供应。

油菜

每当油菜开花季节，那黄灿灿的油菜花是蝴蝶和蜜蜂们争相停留的对象。油菜花蜜呈淡黄色，富含多种维生素C和人体所需的矿物质，营养价值很高。

▼ 油菜花开

小知识

柑橘花含蜜丰富，一朵花泌蜜量为20～80毫克。

lǜ huà zhí wù
绿化植物

lǜ huà zhí wù zài měi huà wǒ men de rì cháng huán jìng zhōng kě wèi gōng bù kě mò yīn
绿化植物在美化我们的日常环境中可谓“功不可没”，因
wèi tā men bù jǐn kě yǐ měi huà huán jìng hái kě yǐ táo yě rén de qíng cāo jìng huà rén de xīn
为它们不仅可以美化环境，还可以陶冶人的情操，净化人的心
líng gěi rén men dài lái yú yuè gǎn zhèn jìng gǎn hé ān quán gǎn
灵，给人们带来愉悦感、镇静感和安全感。

liǔ shù
柳树

liǔ shù shì yī zhǒng suí chù kě jiàn de zhí wù yóu qí shì shēng zhǎng zài hú biān huò hé dī shang
柳树是一种随处可见的植物，尤其是生长在湖边或河堤上
de liǔ shù měi dāng wēi fēng qīng qīng fú guò tā nà
的柳树，每当微风轻轻拂过，它那
róu rèn xiān xì de yāo zhī jiù huì suí fēng ér dòng
柔韧纤细的腰肢就会随风而动，
hǎo xiàng yī gēn gēn piāo fú de lǜ sè sī
好像一根根飘拂的绿色丝
dài lüè guò shuǐ miàn ē nuó duō zī
带掠过水面，婀娜多姿，
fēi cháng mí rén shì lǐ xiǎng de
非常迷人，是理想的
lǜ huà zhí wù
绿化植物。

hé biān de chuí liǔ
▼ 河边的垂柳

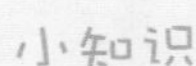

小知识

zhāng shù de zhī yè hé guǒ shí néng tí liàn zhāng nǎo hé zhāng yóu zài gōng yè shang hěn yǒu yòng tú
樟树的枝叶和果实能提炼樟脑和樟油，在工业上很有用途。

wú tóng shù
▲梧桐树

fǎ guó wú tóng
法国梧桐

zhī fán yè mào de fǎ guó wú tóng shì yī zhǒng hěn cháng jiàn de lǜ huà zhí wù yīn wèi fǎ guó wú tóng de shì yìng xìng qiáng yòu nài xiū jiǎn zhěng xíng suǒ yǐ shì yōu liáng de xíng dào shù zhǒng guǎng fàn yìng yòng yú chéng shì lǜ huà

枝繁叶茂的法国梧桐是一种很常见的绿化植物。因为法国梧桐的适应性强，又耐修剪整形，所以是优良的行道树种，广泛应用于城市绿化。

shān hú shù
珊瑚树

shān hú shù de zhí zhū suī rán bù gāo dàn jīng shēng zhǎng de xì ér mì jí xíng sì lǜ sè de shān hú yì cháng měi guān bù lùn shì zhuāng diǎn shì nèi hái shì měi huà tíng yuàn shān hú shù dōu shì yī zhǒng bù cuò de xuǎn zé

珊瑚树的植株虽然不高，但茎生长的细而密集，形似绿色的珊瑚，异常美观。不论是装点室内，还是美化庭院，珊瑚树都是一种不错的选择。

fáng fēng de chí shān
防风的池杉

chí shān shǔ yú luò yè qiáo mù tā de shù gàn jī bù péng dà zhī tiáo xiàng shàng shēng zhǎng suǒ yǐ tā de shù guān bǐ jiào xiá zhǎi zhěng gè xíng zhuàng lèi sì yī gè jiān tǎ fēi cháng yōu měi chí shān kàng fēng lì qiáng shì píng yuán shuǐ wǎng qū fáng hù lín fáng làng lín de lǐ xiǎng shù zhǒng

池杉属于落叶乔木，它的树干基部膨大，枝条向上生长。所以它的树冠比较狭窄，整个形状类似一个尖塔，非常优美。池杉抗风力强，是平原水网区防护林、防浪林的理想树种。

chí shān
▼池杉

栽培植物

许多野生植物经过人工培育后，成为能适合人类需要的植物。栽培植物几乎包括所有种类的作物，主要有粮食作物、纤维作物、油料作物、果树、蔬菜作物以及各种观赏的花卉等。

君子兰

原产于非洲南部森林的君子兰，是一种多年生草本植物。它的植株文雅俊秀，有君子风范，花朵雅致细腻如兰，因而得名君子兰。相信不管是赏叶还是观花，端庄大气的君子兰都不会令人失望。

木兰

木兰原产于中国，栽培历史悠久，它具有淡紫色的树皮，淡绿色的长叶片，开乳白色的花。这种植物因为芳香、具有刺激性和滋补功能而被利用。

▲ 木兰

美人蕉

美人蕉原产美洲、印度、马来半岛等热带地区，属于多年生球根草本花卉。美人蕉不仅植株高大，就连开的花都比一般的花卉大气。

▼美人蕉

芒果

芒果的果实椭圆滑润，果皮呈柠檬黄色，味道甘醇，是一种被人广为栽培的水果。除了营养价值很高外，芒果还具有极大的药用价值。

甘蔗

甘蔗是一种常见的水果，我们食用的部分其实是它的茎秆。甘蔗紧密丛生，叶形优美，像一把宝剑，与玉米的叶子颇有几分相似。

▼甘蔗

小知识

芝麻栽培历史悠久，一直以来都是一种重要的经济作物。

guānshǎng zhí wù
观赏植物

wú lùn shì yī duǒ hǎo kàn de huā yī piàn sè cǎi yàn lì de yè zǐ hái shì yī shù líng
无论是一朵好看的花，一片色彩艳丽的叶子，还是一树玲
lóng kě ài de guǒ shí dōu yǒu kě néngchéngwéi zhè zhū zhí wù shēnshang zuì dà de guānshǎng jià zhí
珑可爱的果实，都有可能成为这株植物身上最大的观赏价值。
shì shí shang yě yǒu yī xiē zhí wù tóng shí bāo hán le jǐ zhǒngguānshǎng jià zhí kě yǐ shuōquánshēn
事实上，也有一些植物同时包含了几种观赏价值，可以说全身
dōuchōngmǎn měi gǎn
都充满美感。

diào lán 吊兰

diào lán shì yī zhǒnghěn gāo yǎ de shì nèi guān yè zhí wù tā de yè cóngzhōng huì chōuchū xì
吊兰是一种很高雅的室内观叶植物。它的叶丛中会抽出细
cháng de zhī tiáo zhī tiáo róu rèn xià chuí zài dǐngduān hái huì méng fā chū xīn de nèn yè zào xíng fēi
长的枝条，枝条柔韧下垂，在顶端还会萌发出新的嫩叶，造型非
chángyōu měi
常优美。

shì nèi de diào lán chōngmǎn le měi gǎn
▼室内的吊兰充满了美感

huángyáng 黄杨

huángyáng de zhī yè fán mào sì jì chángqīng
黄杨的枝叶繁茂，四季常青，
shì yī zhǒng zài rè dài hé wēn dài jiàochángjiàn de zhí wù
是一种在热带和温带较常见的植物。
huángyáng jì bù kāi huā yě bù jiē guǒ shì míng fù
黄杨既不开花，也不结果，是名副
qí shí de guānshǎng lèi shùzhǒng yònghuángyáng mù zhì
其实的观赏类树种。用黄杨木制
chéng de huángyángpén jǐng shù zī yōu měi zào xíng dú
成的黄杨盆景，树姿优美，造型独
tè nài hán xìngqiáng kě sì jì guānshǎng
特，耐寒性强，可四季观赏。

葫芦

葫芦是一种爬藤植物，在温暖地区已栽培数百年。其中主要用于盆栽观赏的小葫芦长得小巧有趣，有很高的观赏价值。

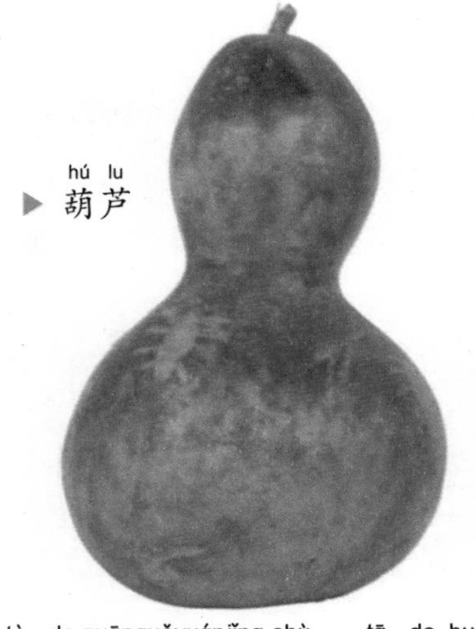

▶葫芦

相思豆

相思豆属于园景树，而且是一种奇特的观果园景树。它的花看起来毫不起眼，却孕育出了光彩夺目的果实——鲜红欲滴的相思豆。这些果实不但供人观赏，还寓意深远，一直以来都是爱情的象征。

樱花

樱花花色幽香艳丽，为早春重要的观花树种，常用于园林观赏。盛开时节花繁艳丽，像云霞一样灿烂，非常壮观。

▼樱花

小知识

丁香以其独特的味道和美丽的花朵，在观赏花木中久负盛名。

jīng jì lín
经济林

gù míng sī yì jīng jì lín jiù shì kě yǐ chǎnshēng jīng jì jià zhí de shù lín zhè xiē jīng
顾名思义，经济林就是可以产生经济价值的树林。这些经
jì jià zhí bāo kuò shēngchǎn yóu liào gān xiān guǒ pǐn gōng yè yuán liào yào cái jí qí tā fù chǎn
济价值包括生产油料、干鲜果品、工业原料、药材及其他副产
pǐn děng shì yǒu tè shū jīng jì jià zhí de lín mù hé guǒ mù de zǒngchēng
品等，是有特殊经济价值的林木和果木的总称。

guǒ pǐn jīng jì lín
果品经济林

yǐ shēngchǎn guǒ pǐn wéi zhǔ de jīng jì lín zhǔ yào shēngchǎn gān guǒ huò cái guǒ chángjiàn de
以生产果品为主的经济林，主要生产干果或材果，常见的
zhǒng lèi yǒu yín xìng lín xiāng fěi lín bǎn lì lín zǎo shù lín shì shù lín hé hé tao lín děng
种类有银杏林、香榧林、板栗林、枣树林、柿树林和核桃林等。

guǒ pǐn jīng jì lín
▼果品经济林

bǎi shù
◀ 柏树

gōng yè yuán liào jīng jì lín
工业原料经济林

yǐ shēng chǎn gōng yè yuán liào wéi zhǔ de jīng jì lín chēng wéi gōng yè yuán liào jīng jì lín zuì cháng jiàn de zhǒng lèi bāo kuò yǒu sōng lín yóu tóng lín děng
以生产工业原料为主的经济林，称为工业原料经济林，最常见的种类包括有松林、油桐林等。

小知识

zài ròu guì chǎn chū de guì pǐn zhōng guì pí shì yī yào shang de zhēn pǐn
在肉桂产出的“桂品”中，桂皮是医药上的珍品。

qí tā jīng jì lín
其他经济林

qí tā jīng jì shù zhǒng yǒu yǐ yòng yè wéi zhǔ yào mù dì de chá shù sāng shù zuò shù děng, yǐ yòng yá wéi mù dì de xiāng chūn děng, yǐ yòng huā wéi mù dì de guì huā shù děng
其他经济树种有以用叶为主要目的的茶树、桑树、柞树等，以用芽为目的的香椿等，以用花为目的的桂花树等。

yē zi lín
椰子林

yē zi lín shì yī zhǒng fēi cháng zhù míng de jīng jì lín
椰子林是一种非常著名的经济林。

yē ròu sè bái rú yù fāng xiāng huá cuì hé yē zhī yī yàng fù hán duō zhǒng yíng yǎng chéng fèn yē zi de jīng jì yòng tú hěn guǎng fàn zhǔ yào yòng lái zhì zuò yē yóu gōng shí yòng jí zhì zào gōng yè yuán liào
椰肉色白如玉，芳香滑脆，和椰汁一样富含多种营养成分。椰子的经济用途很广泛，主要用来制作椰油，供食用及制造工业原料。

yē zi lín
▼ 椰子林

guó huā yǔ guó shù
国花与国树

zhí wù yǔ rén lèi de guān xì mì qiè yǒu xiē zhí wù kāi de huā huò zhě zhí wù běn shēn jù
植物与人类的关系密切，有些植物开的花或者植物本身具
yǒu yī dìng de xiàngzhēng yì yì tā néng gòu dài biǎo hé xiàngzhēng yī gè guó jiā nà me zhè zhǒng
有一定的象征意义，它能够代表和象征一个国家。那么，这种
huā huò zhè zhǒng shù jiù huì bèi mǒu gè guó jiā dìng wéi guó huā huò guó shù
花或这种树就会被某个国家定为国花或国树。

guó huā hé guó shù 国花和国树

shì jiè shang xǔ duō guó jiā dōu yǒu guó huā hé guó shù tā men fǎn yìng le yī gè guó jiā de rén men duì huā huì hé shù mù de chuántǒng ài hào hé mín zú gǎn qíng yī bān yī gè guó jiā huì bǎ guó nèi zuì zhùmíng huò zuì néng dài biǎo běn guó wén huà hé nèi hán de huā huò shù dìng wéi guó huā hé guó shù
世界上许多国家都有国花和国树，它们反映了一个国家的人们对花卉和树木的传统爱好和民族感情。一般一个国家会把国内最著名或最能代表本国文化和内涵的花或树定为国花和国树。

rì běn guó huā 日本国花

zài rì běn rén xīn mù zhōng yīng huā jù yǒu gāo yǎ gāng jìng qīng xiù zhì pǔ hé dú lì de jīngshén tā men bǎ dài biǎo qín láo yǒng gǎn zhì huì xiàngzhēng de yīng huā xuǎn wéi guó huā
在日本人心目中，樱花具有高雅、刚劲、清秀质朴和独立的精神，他们把代表勤劳、勇敢、智慧象征的樱花选为国花。

▼ yīng huā 樱花

fēng yè zhī guó
枫叶之国

jiā ná dà guó qí
▲ 加拿大国旗

běi měizhōu de jiā ná dà jìng nèi zhòng zhí le hěn duō fēng shù gù yǒu fēng yè zhī guó de
北美洲的加拿大境内种植了很多枫树，故有“枫叶之国”的
měi yù jiā ná dà rén chú le jiāng fēng shù zuò wéi guó shù wài hái bǎ fēng yè zuò wéi guó huī shèn
美誉。加拿大人除了将枫树作为国树外，还把枫叶作为国徽，甚
zhì zài guó qí zhèng zhōng jiān yě huì yǒu yī piàn hóng sè de fēng yè
至在国旗正中间也绘有一片红色的枫叶。

xiǎo zhī shi
小知识

hán guó rén jiāng mù jǐn huā shì wéi zì jǐ guó jiā de guó huā
韩国人将木槿花视为自己国家的国花。

yuān wěi huā
▲ 鸢尾花

fǎ guó guó huā
法国国花

yuān wěi de míng zì lái yuán yú xī là yǔ shì cǎi hóng de yì sī tā biǎo míng tiān shang cǎi hóng de yán sè dōu kě yǐ zài zhè gè shǔ de huā duǒ yán sè zhōng kàn dào
“鸢尾”的名字来源于希腊语，是彩虹的意思，它表明天上彩虹的颜色都可以在这个属的花朵颜色中看到。
fǎ guó rén jiāng xiāng gēn yuān wěi dìng wéi guó huā zhè zhǒng yuān wěi tǐ dà huā měi ē nuó duō zī fēi cháng měi lì
法国人将香根鸢尾定为国花，这种鸢尾体大花美，婀娜多姿，非常美丽。

美丽的花卉

许多植物都会开出鲜艳、芳香的花朵，这些花朵是植物种子的有性繁殖器官，可以为植物繁殖后代，花用它们的色彩和气味吸引昆虫来传播花粉。花也是天地灵秀之所钟，是美的化身，赏花，在于悦其姿色而知其神骨，如此方能遨游在每一种花的独特韵味中，而深得其中情趣。正是这些美丽的花朵把我们的世界装扮得五彩缤纷、多姿多彩。

méi huā
梅花

méi huā de shù xíng yōu měi pǐn zhǒng fán duō xiāng wèi qīng xīn yí tài duān zhuāng fù yǒu shī qíng huà yì zì gǔ yǐ lái zhōng guó rén dōu ài méi shǎng méi huà méi yǒng méi xíng chéng le tè yǒu de méi wén huà jīng guò cháng qī de zāi péi zhì jīn méi de pǐn zhǒng yǐ chāo guò duō gè chéng wéi zhù míng de zhōng guó chuán tǒng yuán lín huā huì

梅花的树型优美，品种繁多，香味清新，仪态端庄，富有诗情画意。自古以来，中国人都爱梅、赏梅、画梅、咏梅，形成了特有的梅文化。经过长期的栽培，至今梅的品种已超过300多个，成为著名的中国传统园林花卉。

měi hǎo de yù yì
美好的寓意

bié de huā dōu shì zài chūn tiān kāi huā méi huā què bù suí dà liú zài dōng tiān líng hán nù fàng yǒu shǒu gǔ shī xiě dào yáo zhī bù shì xuě wéi yǒu àn xiāng lái biǎo xiàn de shì méi huā zhè zhǒng chóng gāo de pǐn gé hé jiān zhēn qì jié

别的花都是在春天开花，梅花却不随大流，在冬天凌寒怒放。有首古诗写道：“遥知不是雪，唯有暗香来”表现的是梅花这种崇高的品格和坚贞气节。

小知识

rén men cháng shuō de suì hán sān yǒu zhǐ de shì méi huā sōng shù hé zhú zi

人们常说的岁寒三友指的是梅花、松树和竹子。

méi huā de huā yǔ jiān qiáng hé gāo yǎ

▶ 梅花的花语：坚强和高雅

梅香诱人

梅花的香味别具神韵、清逸幽雅，被历代文人墨客称为“暗香”。那种香味让人难以捕捉却又时时沁人肺腑、催人欲醉。梅花盛开之时，徜徉在花丛之中，微风阵阵掠过梅林，犹如浸身香海，通体蕴香。

◀ 洁白如雪的梅花

梅花的经济价值

梅花有很大的经济价值，尤其是在园林装饰方面。在园林中如果用常绿乔木或深色建筑作背景，更可衬托出梅花玉洁冰清之美。

梅树之美

▶ 美丽的梅树

古人认为梅以形态和姿势为第一，其中形态包括俯、仰、侧、卧、依、盼等；姿势分直立、曲屈、歪斜。梅花树皮漆黑而多糙纹，其枝虬曲苍劲嶙峋，有一种饱经沧桑、威武不屈的阳刚之美。

mǔ dan
牡丹

mǔ dan zài zhōngguó yǒu huāzhōng zhī wáng de měi yù shì tiān xià wén míng de guānshǎng huā huì mǔ dan huā yōngróng huá guì fù lì duānzhuāng ér qiě jù yǒu nóng yù de fāngxiāng suǒ yǐ yě hào chēng guó sè tiān xiāng chéng wéi cóng gǔ dào jīn shēnshòu rén men xǐ ài de huā huì

牡丹在中国有“花中之王”的美誉，是天下闻名的观赏花卉。牡丹花雍容华贵、富丽端庄、而且具有浓郁的芳香，所以也号称“国色天香”，成为从古到今深受人们喜爱的花卉。

měi hǎo de xiàngzhēng
美好的象征

yóu yú mǔ dan huā de huā duǒshuò dà xíng tài fù lì tánghuáng suǒ yǐ yǒu rén yě jiāng tā chēng wéi fù guì huā mǔ dan yǐ tā tè yǒu de fù lì huá guì hé fēngmào zài zhōngguóchuántǒng yì shí zhōng bèi shì wéi fù guì jí xiáng fán róngchāngshèng xìng fú hé píng de xiàngzhēng

由于牡丹花的花朵硕大，形态富丽堂皇，所以有人也将它称为“富贵花”。牡丹以它特有的富丽、华贵和丰茂，在中国传统意识中被视为富贵吉祥、繁荣昌盛、幸福和平的象征。

小知识

zuì zǎo jì zǎi mǔ dan de yī běn zhù zuò shì shén nóng běn cǎo jīng

最早记载牡丹的一本著作是《神农本草经》。

shèng kāi de mǔ dan

▼ 盛开的牡丹

měi lì de mǔ dan huā
▲美丽的牡丹花

mǔ dan pǐn zhǒng 牡丹品种

zhōngguó shì shì jiè mǔ dan de fā xiáng dì mǔ dan yuán yì pǐn zhǒng gēn jù zāi péi dì qū hé yě shēng yuán zhǒng de bù tóng kě fēn wéi gè mǔ dān pǐn zhǒng qún jí zhōng yuán pǐn zhǒng qún xī běi pǐn zhǒng qún jiāng nán pǐn zhǒng qún hé xī nán pǐn zhǒng qún

中国是世界牡丹的发祥地，牡丹园艺品种根据栽培地区和野生原种的不同，可分为4个牡丹品种群，即中原品种群、西北品种群、江南品种群和西南品种群。

yào yòng jià zhí 药用价值

mǔ dan bù jǐn jù yǒu jí gāo de guānshǎng jià zhí tóng shí yě yǒu yào yòng jià zhí hé shí yòng jià zhí zì gǔ yǐ lái rén men biàn yòng mǔ dan gēn pí rù yào jiāng qí chēng wéi dān pí dān pí jù yǒu qīng xuè huó xuè sàn yū de gōngxiào

牡丹不仅具有极高的观赏价值，同时也有药用价值和食用价值。自古以来，人们便用牡丹根皮入药，将其称为“丹皮”。丹皮具有清血、活血散瘀的功效。

chuán qí mǔ dan 传奇牡丹

jù gǔ shū jì zǎi zài táng dài luò yáng céng yǒu yī zhū kě yǐ biàn sè de mǔ dan tā cóng zǎo chén dào zhōng wǔ huánghūn yǐ jí rù yè zhè yī tiān dāng zhōng huā de yán sè yóu shēn hóng biàn chéng shēn bì yòu biàn chéng shēn huáng zài biàn chéng fěn bái

据古书记载，在唐代，洛阳曾有一株可以变色的牡丹，它从早晨到中午、黄昏以及入夜这一天当中，花的颜色由深红变成深碧，又变成深黄，再变成粉白。

dù juān 杜鹃

dù juān huā shì shì jiè shang zuì zhù míng de guānshǎng huā huì zhī yī yǒu huā zhōng xī shī
杜鹃花是世界上最著名的观赏花卉之一，有“花中西施”
de měi yù měi nián chūn tiān lái lín shí qiān wàn duǒ měi lì de dù juān huā kāi biàn shān yě huì
的美誉。每年春天来临时，千万朵美丽的杜鹃花开遍山野，会
bǎ zhěng gè shān pō yìng de yī piàn huǒ hóng suǒ yǐ tā yòu yǒu yìng shān hóng zhè yàng yī gè bié chēng
把整个山坡映得一片火红，所以它又有“映山红”这样一个别称。

yě huā zhī shǒu 野花之首

dù juān huā yuán chǎn wǒ guó wèi jū wǒ guó sān dà zhù míng zì rán yě shēng míng huā dù juān huā bào chūn huā lóng dǎn huā zhī shǒu shì dāng jīn shì jiè shang zuì zhù míng de huā huì zhī yī
杜鹃花原产我国，位居我国三大著名自然野生名花——杜鹃花、报春花、龙胆花之首，是当今世界上最著名的花卉之一。

dù juān
▲杜鹃

zhòng zhí dù juān 种植杜鹃

zhòng zhí dù juān huā yǒu xǔ duō jiǎng jiū yóu qí shì qí xǐ tōng xiǎo fēng dāng tōng fēng bù liáng shí dù juān huā róng yì chū xiàn bìng chóng hài dàn shì rú guǒ fēng tài dà yóu qí shì gān zào de dà fēng hé gān rè fēng huì duì dù juān huā zào chéng fēi cháng bù liáng de yǐng xiǎng
种植杜鹃花有许多讲究，尤其是其喜通小风。当通风不良时，杜鹃花容易出现病虫害，但是如果风太大，尤其是干燥的大风和干热风，会对杜鹃花造成非常不良的影响。

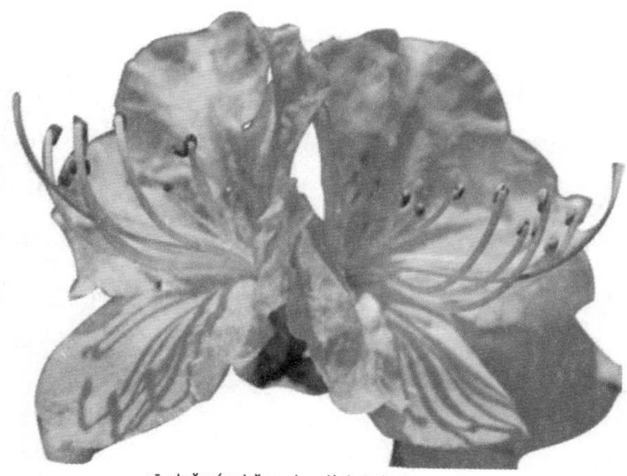

yī duǒ wánzhěng de dù juān huā
▲ 一朵完整的杜鹃花

zhǒng lèi chā yì 种类差异

dù juān huā yǒu bái dù juān huā hé hóng dù juān
杜鹃花有白杜鹃花和红杜鹃
huā zhī fēn hóng dù juān huā yǒu dú bù néng chī
花之分，红杜鹃花有毒不能吃，
dàn huā duǒ xiān yàn wú bǐ kě gōng guānshǎng bái
但花朵鲜艳无比，可供观赏；白
dù juān huā sù yǎ dà fāng xiān nèn qīngshuǎng shì
杜鹃花素雅大方，鲜嫩清爽，是
shànghǎo de xiān huā shí pǐn wǒ guó de shǎoshù mín
上好的鲜花食品。我国的少数民
zú bái zú jiù yǒu chī bái dù juān huā de xí guàn
族白族就有吃白杜鹃花的习惯。

měi huàhuánjìng 美化环境

dù juān shì kàng èr yǎnghuà liú děng wū rǎn jiào lǐ
杜鹃是抗二氧化硫等污染较理
xiǎng de huā mù rú shí yán dù juān jù èr yǎnghuà liú
想的花木，如石岩杜鹃距二氧化硫
wū rǎn yuán mǐ duō de dì fang yě néngzhèngcháng
污染源300米多的地方也能正常
méng yá chōu zhī
萌芽抽枝。

gè tóu chā yì 个头差异

dù juān zài quán shì jiè yǒu duō gè
杜鹃在全世界有800多个
pǐn zhǒng wǒ guó jiù yǒu duōzhǒng bù
品种，我国就有650多种。不
tóngzhǒng lèi de dù juān gāo ǎi xiāngchà hěn dà
同种类的杜鹃高矮相差很大，
xiǎo de zhǒng lèi shēngāo hái bù dào mǐ ér
小的种类身高还不到1米，而
dà de zhǒng lèi rú dà shù dù juān gāo dá shù
大的种类如大树杜鹃，高达数
shí mǐ
十米。

小知识

nán yà guó jiā ní bó
南亚国家尼泊
ěr bǎ dù juān huā dìng wéi
尔，把杜鹃花定为
zì jǐ de guó huā
自己的国花。

chá huā
茶花

chá huā yě jiào shān chá huā shì yī zhǒng míng guì de guān shǎng zhí wù yuán chǎn yú wǒ guó
茶花也叫山茶花，是一种名贵的观赏植物，原产于我国。shān chá de zāi péi lì shǐ yōu jiǔ shèng zāi yú jiāng zhè dì qū pǐn zhǒng fán duō tā men dà duō
山茶的栽培历史悠久，盛栽于江浙地区，品种繁多。它们大多zài yuè jiān kāi huā huā qī yī gè yuè zuǒ yòu
在2～4月间开花，花期一个月左右。

shèng lì zhī huā
胜利之花

chá huā shì yī zhǒng cháng lǜ guàn mù huò xiǎo qiáo mù kāi huā shí sè cǎi fēi cháng duó mù xiàng
茶花是一种常绿灌木或小乔木，开花时色彩非常夺目，象zhēng zhàn dòu shèng lì suǒ yǐ bèi yù wéi shèng lì zhī huā chá huā gàn měi zhī qīng yè xiù huā sè
征战斗胜利，所以被誉为胜利之花。茶花干美枝青叶秀，花色yàn lì duō cǎi huā zī yōu yǎ duō tài qì wèi fēn fāng xí rén shǐ rén guān hòu shǎng xīn yuè mù
艳丽多彩，花姿优雅多态，气味芬芳袭人，使人观后赏心悦目，xīn kuàng shén yí
心旷神怡。

小知识

shān chá huā gǔ míng hǎi shí liu yòu yǒu yù míng huā nài dōng děng bié míng
山茶花古名海石榴，又有玉茗花、耐冬等别名。

fēn fāng jié bái de chá huā
◀ 芬芳洁白的茶花

sì sè shān chá huā
四色山茶花

zhōng guó shèng chǎn yī zhǒng sì sè shān chá
中国盛产一种四色山茶
huā kě kāi chū méi guī hóng bái huáng sè hé
花，可开出玫瑰红、白、黄色和
táo hóng sè de huā méi guī hóng de huā kāi yú shù guān dǐng
桃红色的花。玫瑰红的花开于树冠顶
duān bái huáng táo hóng de huā fēn bù zài shù guān de zhōng
端，白、黄、桃红的花分布在树冠的中
xià bù sì sè shān chá huā jìng xiāng nù fàng xiāng yìng chéng qù
下部。四色山茶花竞相怒放，相映成趣。

hóng sè de shān chá huā
▲ 红色的山茶花

xī yǒu de jīn huā chá
稀有的金花茶

jīn huā chá shì shān chá huā jiā zú zhōng wéi yī yōng yǒu jīn huáng sè huā bàn de pǐn zhǒng zì gǔ yǒu
金花茶是山茶花家族中唯一拥有金黄色花瓣的品种，自古有
chá huā jīn sè tiān xià guì de měi yù zhè zhǒng zhí wù fēn bù qū yù xiá zhǎi qiě chéng huó lǜ
“茶花金色天下贵”的美誉。这种植物分布区域狭窄，且成活率
dī shì shì jiè xī yǒu de zhēn guì zhí wù yī zhí bèi shì wéi zhí wù jiè de dà xióng māo shì
低，是世界稀有的珍贵植物，一直被视为“植物界的大熊猫”，是
guó jiā yī jí bǎo hù zhí wù
国家一级保护植物。

yìng yòng guǎng fàn
应用广泛

shān chá huā zài wǒ guó yǐ yǒu yī qiān duō nián
山茶花在我国已有一千多年
de zāi péi lì shǐ pǐn zhǒng jí duō chú yòng yú
的栽培历史，品种极多。除用于
guān shǎng wài qí mù cái xì zhì kě zuò diāo kè
观赏外，其木材细致可作雕刻，
zhǒng zi kě zhà yóu cǐ wài yīn tā sì jì cháng
种子可榨油。此外，因它四季常
qīng dōng jì kāi huā de tè xìng yě kě yǐ zài
青，冬季开花的特性，也可以在
yuán lín lǜ huà fāng miàn dé dào guǎng fàn yìng yòng
园林绿化方面得到广泛应用。

bǎi hé
百合

bǎi hé wài biǎo měi lì yù yì měi hǎo shì yī zhǒng cóng gǔ dào jīn dōu bèi shòu zhuī pěng de
百合外表美丽，寓意美好，是一种从古到今都备受追捧的
míng huā bǎi hé huā zī tài yōu měi yōu xiāng zhèn zhèn yīn ér bèi rén men měi yù wéi yún shang
名花。百合花姿态优美、幽香阵阵，因而被人们美誉为“云裳
xiān zǐ tā nà niǎo niǎo tíng tíng de zī tài gèng shì zhēng fú le yī dà pī ài měi zhī rén
仙子”，它那袅袅婷婷的姿态，更是征服了一大批爱美之人。

zhuàng sì lǎ ba
状似喇叭

bǎi hé huā zhí zhū tǐng lì yè sì cuì zhú yán jīng lún shēng huā duǒ xiàng tài gè yì huā
百合花植株挺立，叶似翠竹，沿茎轮生，花朵相态各异，花
sè yàn lì xíng zhuàng lèi sì yī gè huì fā chū dū dū shēng de xiǎo lǎ ba
色艳丽，形状类似一个会发出“嘟嘟”声的小喇叭。

小知识

zài zhōng guó bǎi hé jù yǒu bǎi nián hǎo hé měi hǎo jiā tíng wěi dà de ài de hán yì
在中国，百合具有百年好合、美好家庭、伟大的爱的含意。

xīn niángpěnghuā
新娘捧花

yóu yú bǎi hé de qiú zhuànggēn shì yóu jìn bǎi kuài lín piàn bào hé ér chéng gǔ rén shì wéi bǎi nián hǎo hé bǎi shì hé yì de jí zhào suǒ yǐ lì lái xǔ duō qíng lǚ zài jǔ xíng hūn lǐ shí dōu yào yòng bǎi hé lái zuò xīn niáng de pěnghuā

由于百合的球状根是由近百块鳞片抱合而成，古人视为“百年好合”“百事合意”的吉兆，所以历来许多情侣在举行婚礼时都要用百合来做新娘的捧花。

jīn bǎi hé
金百合

jīn bǎi hé shì bǎi hé huā de yī gè xīn pǐn zhǒng tā dǎ pò le zhōng guó bǎi hé quán shì yī jīng yī duǒ dān chún bái sè de xiànzhuàng biànchéng le yī jīng duō duǒ huā sè jì yǒu jīn huáng chénghóng hé dàn zǐ yòu yǒu cǎi bān tiáo wénděng qí tā tú àn yán sè de xīn pǐn zhǒng

“金百合”是百合花的一个新品种，它打破了中国百合全是一茎一朵、单纯白色的现状，变成了一茎多朵，花色既有金黄、橙红和淡紫，又有彩斑、条纹等其他图案颜色的新品种。

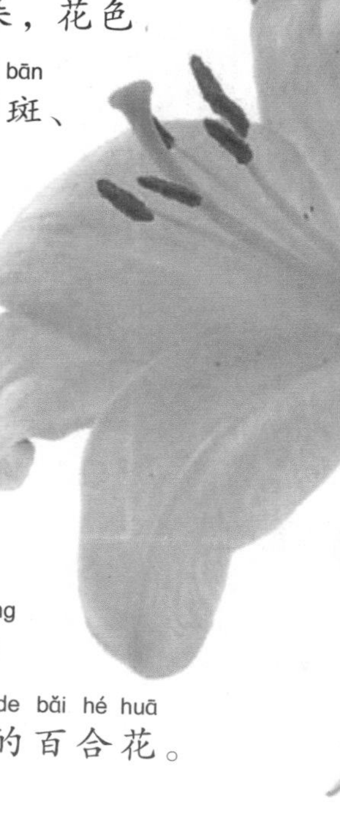

qī měi de chuánshuō
凄美的传说

chuánshuō xià wá hé yà dāngshòudào shé de yòu huò chī xià jìn guǒ ér bèi zhú chū yī diàn yuán xià wá huǐ hèn zhī yú bù jīn liú xià bēi shāng de lèi zhū lèi shuǐ luò dì hòu jí huàchéng jié bái de bǎi hé huā

传说夏娃和亚当受到蛇的诱惑吃下禁果，而被逐出伊甸园。夏娃悔恨之余不禁流下悲伤的泪珠，泪水落地后即化成洁白的百合花。

lán huā

兰花

lán huā yǐ tā tè yǒu de yè huā xiāng gěi rén
兰花以它特有的叶、花、香，给人
yǐ jí gāo jié qīng yǎ de yōu měi xíng xiàng gǔ jīn míng rén
以极高洁、清雅的优美形象。古今名人
duì tā píng jià jí gāo bèi yù wéi huā zhōng jūn zǐ gǔ
对它评价极高，被誉为“花中君子”。古
dài wén rén cháng bǎ shī wén zhī měi yù wéi lán zhāng bǎ yǒu
代文人常把诗文之美喻为“兰章”，把友
yì zhī zhēn yù wéi lán jiāo bǎ liáng yǒu yù wéi lán kè
谊之真喻为“兰交”，把良友喻为“兰客”。

měi hǎo de xiàngzhēng

美好的象征

lán huā shì zhōngguó chuántǒng míng huā zì gǔ yǐ lái jiù yǐ gāo yǎ jùn
兰花是中国传统名花，自古以来就以高雅俊
xiù de fēng zī yíng dé le rén men de jìngzhòng chéng wéi chāo fán tuō
秀的风姿赢得了人们的敬重，成为超凡脱
sú gāo yǎ chún jié hào rán zhèng qì de xiàngzhēng
俗、高雅纯洁、浩然正气的象征。

shēn tǐ jié gòu

身体结构

lán huā méi yǒu míng xiǎn de jīng zhǐ yǒu gēn jīng yǔ huā jīng zhī bié lán huā de zhǒng zi jí wéi
兰花没有明显的茎，只有根茎与花茎之别。兰花的种子极为
wēi xiǎo xì rú huī chén yì bān chéng cháng fǎng chuí xíng yòng ròu yǎn jī hū biàn rèn bù qīng lán huā
微小，细如灰尘，一般呈长纺锤形，用肉眼几乎辨认不清。兰花
de gēn shì cóng shēng de xū gēn xì shàng miàn méi yǒu gēn máo lǐ miàn zhù cáng zhe fēng fù de shuǐ fèn hé
的根是丛生的须根系，上面没有根毛，里面贮藏着丰富的水分和
yǎng liào
养料。

中国兰花

中国兰花主要有春兰、蕙兰、建兰、寒兰、墨兰五大类，而园艺品种则有上千种。而中国兰花中最为人们所熟知的是春兰，它品种繁多，高雅文静，其花具淡雅之香，被颂为“国香”。

小知识

人们常常用蕙质兰心来形容女子美好的心性。

蕙兰

蕙兰为兰科地生草本植物，原产于我国，是我国栽培最久和最普及的兰花之一。古代常称为“蕙”，“蕙”指中国兰花的中心，蕙心意指“中国心”。

野生兰花

野生兰花生长在茂林密竹下，丛林遮挡了强烈的阳光照射，使得兰花养成了喜阴畏阳的习性。如果过分照射阳光，可能会灼伤兰叶，甚至造成其失水、死亡。

hé huā
荷花

hé huā yě jiào lián huā huò zhě shuǐ fú róng yǐ zhōng guó chuán tǒng shí dà míng huā zhù chēng yú shì
荷花也叫莲花或者水芙蓉，以中国传统十大名花著称于世。
hé huā huā sè yàn lì zhī gàn tíng tíng yù lì yuǎn yuǎn wàng qù jiù xiàng yī gè gè lì yú shuǐ
荷花花色艳丽，枝干亭亭玉立，远远望去，就像一个个立于水
zhōng de xiān zǐ gǔ rén hái yòng chū yū ní ér bù rǎn zhuó qīng lián ér bù yāo zhī jù lái
中的仙子。古人还用“出淤泥而不染，濯清涟而不妖”之句来
zàn měi hé huā de gāo jié pǐn zhì
赞美荷花的高洁品质。

yǔ zhōng de hé yè
雨中的荷叶

hé huā yuán xíng de yè zi bǐ jiào dà zhí jìng kě
荷花圆形的叶子比较大，直径可
dá lí mǐ jù shí jǐ tiáo fú shè zhuàng de yè mài
达70厘米，具十几条辐射状的叶脉。
dāng yǔ shuǐ luò zài hé yè shang shí huì lì jí níng jù
当雨水落在荷叶上时，会立即凝聚
chéng dà dà xiǎo xiǎo de shuǐ zhū suí fēng gǔn dòng měi
成大大小小的水珠，随风滚动，美
lì fēi fán
丽非凡。

guān shǎng lèi hé huā
观赏类荷花

guān shǎng lèi hé huā yòu chēng wéi huā lián tā
观赏类荷花又称为花莲，它
de gēn zhuàng jīng xì ér ruǎn pǐn zhì chà jīng hé
的根状茎细而软，品质差，茎和
yè jūn jiào xiǎo dàn kāi huā duō huā xíng fù zá
叶均较小，但开花多，花型复杂，
huā sè xiān yàn jù yǒu jiào gāo de guān shǎng jià zhí
花色鲜艳，具有较高的观赏价值。

shí yòng lèi hé huā
食用类荷花

shí yòng lèi hé huā bāo kuò ǒu lián hé zǐ lián liǎng lèi qí zhōng
食用类荷花包括藕莲和子莲两类。其中，
ǒu lián de zhí zhū gāo dà bù kāi huā huò shǎo kāi huā yǐ shí yòng cū
藕莲的植株高大，不开花或少开花，以食用粗
zhuàng de gēn zhuàng jīng wéi zhǔ ér zǐ lián gēn zhuàng jīng bù fā dá
壮的根状茎为主；而子莲根状茎不发达，
yǐ shí yòng lián zǐ wéi zhǔ
以食用莲子为主。

chū yú yū ní ér bù rǎn
出于淤泥而不染

zài fó jiào zhōng chū yū ní ér bù rǎn de
在佛教中，出淤泥而不染的
hé huā bèi shì wéi shì bào shēn fó suǒ jū zhī jìng
荷花被视为是报身佛所居之“净
tǔ suǒ yǐ fó jiào zhōng de shì jiā móu ní hé guān
土”，所以佛教中的释迦牟尼和观
shì yīn pú sà de xíng xiàng dōu shì zuò zài lián huā zhī shàng
世音菩萨的形象都是坐在莲花之上。

jiāng nán hé huā jié
江南荷花节

zài jiāng nán mín jiān rén men bǎ nóng lì de yuè rì zuò wéi hé huā de shēng rì měi dào
在江南民间，人们把农历的6月24日作为荷花的生日，每到
nà yī tiān rén men jiù jié bàn qián wǎng zhòng zhí hé huā de jǐng diǎn guān hé chēng zhī wéi hé huā
那一天，人们就结伴前往种植荷花的景点观荷，称之为“荷花
jié rì
节日”。

小知识

hé huā de zhǒng zi
荷花的种子
jiào lián zǐ tā kě yǐ cún
叫莲子，它可以存
huó shàng qiān nián
活上千年。

shuǐ xiān
水仙

shuǐ xiān sù yǐ yōu yǎ fāngxiāng ér zhù chēng yú shì zhè zhǒng huā huì cháng yòng qīng shuǐ yǎng
水仙素以幽雅、芳香而著称于世。这种花卉常用清水养
zhí bèi rén zàn yù wéi líng bō xiān zǐ yòng yǐ xiàngzhēng gāo yǎ hé shèng jié shuǐ xiān zuò
植，被人赞誉为“凌波仙子”，用以象征高雅和圣洁。水仙作
wéi yuán yì huā huì yǒu jiào guǎng de yǐngxiǎng yīn ér bèi píng wéi zhōngguó chuántǒng shí dà míng huā
为园艺花卉有较广的影响，因而被评为中国传统十大名花。

dōnglìng shí huā 冬令时花

shuǐxiān shì diǎnzhuìyuándàn hé chūn jié zuì
水仙是点缀元旦和春节最
zhòngyào de dōnglìng shí huā xiàngzhēng sī niàn
重要的冬令时花，象征思念，
biǎo shì tuányuán tā tōngcháng shì zài qiǎn pén
表示团圆。它通常是在浅盆
zhōng zāi péi zhǐ xū yào shìdàng de yángguāng
中栽培，只需要适当的阳光
hé wēn dù zài xū yào yī sháoqīngshuǐ jǐ
和温度，再需要一勺清水、几
lì shí zǐ jiù néngshēnggēn fā yá
粒石子，就能生根发芽。

lì shǐ yōu jiǔ 历史悠久

shuǐxiānyuánchǎn ōu zhōu jù jì zǎi táng
水仙原产欧洲，据记载唐
dài zì yì dà lì chuán rù zhōngguó zuò wéi
代自意大利传入中国，作为
míng guì huā huì zāi péi zhì jīn yǐ yǒu
名贵花卉栽培，至今已有1000
duō nián de lì shǐ le wú lùn zài gōngtíng huò
多年的历史了，无论在宫廷或
mín jiān dōu yǒu zāi péi wánshǎng de xí guàn
民间都有栽培玩赏的习惯。

小知识

shuǐxiān jì kě yǐ pén
水仙既可以盆
zāi yě kě yǐ shuǐyǎng yī
栽也可以水养，一
bān jiā tíng duō yòng shuǐyǎng
般家庭多用水养。

dān bàn shuǐxiān
单瓣水仙

shuǐ xiān huā zhǔ yào yǒu liǎng gè pǐn zhǒng
水仙花主要有两个品种，
yī shì dān bàn huā guān sè qīng bái huā è
一是单瓣，花冠色青白，花萼
huáng sè zhōngjiān yǒu jīn sè de guān xíng rú zhǎn
黄色，中间有金色的冠，形如盏
zhuàng huā wèi qīngxiāng suǒ yǐ jiào yù tái jīn
状，花味清香，所以叫“玉台金
zhǎn rú guǒ zhōngjiān yǒu bái sè de guān yè zǐ shāo xì de zé chēng yín zhǎn yù tái
盏”，如果中间有白色的冠，叶子稍细的，则称“银盏玉台”。

shuǐxiān de lín jīng
水仙的鳞茎

shuǐxiān lín jīng chéng yuánxíng huò wēi chéng zhuī xíng wài miàn bāo guǒ yī céng zōng hè sè de mó
水仙鳞茎呈圆形，或微呈锥形，外面包裹一层棕褐色的膜
zhì wài pí shuǐxiān de lín jīng jiāng zhī yǒu wēi dú bù guò lǐ miàn hán yǒu de lā kě dīng kě
质外皮。水仙的鳞茎浆汁有微毒，不过里面含有的“拉可丁”，可
yòng zuò wài kē zhèn tòng jì lín jīng dǎo làn kě fū zhì yōng zhǒng
用作外科镇痛剂，鳞茎捣烂可敷治臃肿。

huáng shuǐ xiān sè cǎi wēn róu hé xié qīngxiāng yí rén
▼黄水仙色彩温柔和谐，清香宜人

chóngbàn shuǐxiān
重瓣水仙

shuǐxiān de lìng yī gè pǐn zhǒng shì chóngbàn huā
水仙的另一个品种是重瓣，花
bàn shí yú piàn juǎn chéng yī cù huā guān xià duān qīng huáng
瓣十余片卷成一簇，花冠下端轻黄
ér shàng duān dàn bái míng wéi bǎi yè shuǐxiān huò
而上端淡白，名为“百叶水仙”或
chēng qí wéi yù líng lóng
称其为“玉玲珑”。

月季

月季月月盛开，季季鲜花，因而被誉为“花中皇后”。它花容秀美，色彩鲜艳，婀娜多姿，芳香馥郁，是温馨、幸福的象征。月季花在中国已经有千年以上的历史，是中国十大名花之一。

野蔷薇的变种

月季是野生蔷薇的一种，野生蔷薇经过人们对它长期的人工栽培和品种选育工作，最后培育出在一年中能反复开花的蔷薇，就是月季。

▼ 蔷薇

香水月季

月季为常绿或落叶灌木，种类繁多。其中的大花香水月季品种众多，是现代月季的主体部分。它能在短期内反复开花，花朵开放缓慢，瓣质较厚，花梗挺直，茎刺少，适合用于鲜切花。

月季的习性

月季比较容易养植，它喜日照充足，空气流通，能避冷风、干风的环境。月季适应性强，耐寒耐旱，对土壤要求也不严。

室外花朵

月季花所发散出的香味，会使个别人闻后突然感到胸闷不适，憋气与呼吸困难，所以不适宜栽种在居室里。

功能齐全

月季是一种多功能的花卉，除用于观赏、美化环境外，还有食品加工、提取香料等功效。除此之外，它的叶、花、果、种子还可治病。

小知识

"花中皇后"

月季是我国首都北京的市花。

jú huā
菊花

jú huā shì zhōngguó chuántǒng míng huā zài zhōngguó yǐ yǒu sān qiān duō nián de zāi péi lì shǐ
菊花是中国传统名花，在中国已有三千多年的栽培历史。jú huā jù yǒu huā zī yōu měi sè cǎi xuàn lì líng hán bù diāo de xiān míng tè zhēng yīn wèi shèng
菊花具有花姿优美，色彩绚丽，凌寒不凋的鲜明特征。因为盛 kāi zài bǎi huā diāo líng de qiū jì jú huā zì gǔ yǐ lái biàn bèi shì wéi gāo fēng liàng jié qīng yǎ
开在百花凋零的秋季，菊花自古以来便被视为高风亮节、清雅 jié shēn de xiàngzhēng
洁身的象征。

zhǒng lèi fán duō
种类繁多

jú huā pǐn zhǒng fán duō zhōngguó mù qián yōng yǒu duō gè jú huā pǐn zhǒng cóng qí huā sè
菊花品种繁多，中国目前拥有3000多个菊花品种。从其花色 shang fēn yǒu huáng bái zǐ lǜ děng sè bìng yǒu shuāng sè zhǒng cóng huā xíng shang fēn yǒu dān
上分有黄、白、紫、绿等色，并有双色种；从花形上分有单 bàn fù bàn biǎn qiú qiú xíng wài fān lóngzhǎo máo cì sōngzhēn děng xíng
瓣、复瓣、扁球、球形、外翻、龙爪、毛刺、松针等形。

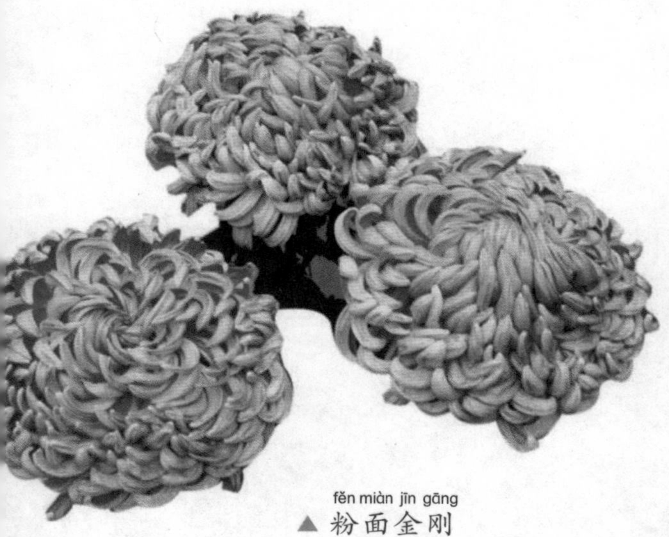

fěn miàn jīn gāng
▲ 粉面金刚

jīn bèi dà hóng
金背大红

jīn bèi dà hóng shì yī zhǒng míng guì de
金背大红是一种名贵的 pǐn zhǒng jú shǔ yú píng bàn lèi xíng yīn
品种菊，属于平瓣类型，因 huā zhèng miàn shì dà hóng sè bèi miàn chéng
花正面是大红色，背面呈 jīn huáng sè ér dé cǐ míng zhè gè pǐn zhǒng
金黄色而得此名。这个品种 de jú huā zhěng gè huā xù xiǎn shì chū xiān yàn
的菊花整个花序显示出鲜艳 duó mù de guāng cǎi shì pén zhí jiā pǐn
夺目的光彩，是盆植佳品。

被赋予的意义

古神话传说中菊花被赋予了吉祥、长寿的含义。如菊花与喜鹊组合表示“举家欢乐”；菊花与松树组合为“益寿延年”等。

菊花茶

菊花除可观赏外，也可当做茶来冲泡。中国最出名的菊花茶种类主要有：黄山的贡菊，桐乡的杭白菊以及山东的野菊花。

名诗佳句

中国历代文人都喜欢以菊花为题材吟诗做句，例如著名诗人屈原就在其所著的《离骚》中写道：“朝饮木兰之坠露，夕餐秋菊之落英”这样的佳句。

小知识

菊和梅、兰、竹一起被人们誉为“四君子”。

méi gui 玫瑰

méi gui huā měi lì fēi fán shì ài qíng hé píng yǒu yì yǒng qì hé xiàn shēn jīng shén
玫瑰花美丽非凡，是爱情、和平、友谊、勇气和献身精神
de huà shēn shēn shòu quán shì jiè rén men de huān yíng hé xǐ ài yīn wèi méi gui huā kě yǐ tí qǔ
的化身，深受全世界人们的欢迎和喜爱。因为玫瑰花可以提取
gāo jí xiāng liào méi gui yóu zhè zhǒng xiāng liào de jià zhí bǐ huáng jīn hái yào áng guì suǒ yǐ méi gui
高级香料玫瑰油，这种香料的价值比黄金还要昂贵，所以玫瑰
yǒu jīn huā zhī chēng
有“金花”之称。

ài qíng de xiàng zhēng 爱情的象征

méi gui xiàng zhēng ài qíng hé zhēn zhì chún jié de ài rén men duō bǎ tā zuò wéi ài qíng de xìn
玫瑰象征爱情和真挚纯洁的爱，人们多把它作为爱情的信
wù shì qíng rén jiān shǒu xuǎn huā huì yóu qí shì hóng méi gui dài biǎo zhe rè qíng zhēn ài huā yǔ
物，是情人间首选花卉。尤其是红玫瑰，代表着热情真爱，花语
shì xī wàng yǔ nǐ fàn qǐ jī qíng de ài yóu qí shòu dào rén men de huān yíng
是希望与你泛起激情的爱，尤其受到人们的欢迎。

ài qíng shǐ zhě méi gui
▼ 爱情使者玫瑰

méi gui de shēng zhǎng huán jìng 玫瑰的生长环境

méi gui xǐ huān yáng guāng nài hàn nài hán shì yí shēng zhǎng zài jiào féi wò de shā zhì tǔ rǎng zhōng
玫瑰喜欢阳光，耐旱耐寒，适宜生长在较肥沃的沙质土壤中。

méi gui zhī bāng
“玫瑰之邦”

bǎo jiā lì yà shì shì jiè shang zuì dà de
保加利亚是世界上最大的
méi gui chǎn dì sù yǐ méi gui zhī bāng
“玫瑰”产地，素以“玫瑰之邦”
ér wénmíng méi gui yě shì bǎo jiā lì yà de guó jiā
而闻名。“玫瑰”也是保加利亚的国家
xiàngzhēng tā men rèn wéi xuàn lì fēn fāng yǎ jié de méi gui huāxiàng
象征，他们认为绚丽、芬芳、雅洁的玫瑰花象
zhēngzhe bǎo jiā lì yà rén mín de qín láo zhì huì hé kù ài dà zì rán de jīngshén
征着保加利亚人民的勤劳、智慧和酷爱大自然的精神。

lán sè yāo jī
蓝色妖姬

suī rán méi gui lì shǐ yōu jiǔ pǐn zhǒng fán duō
虽然玫瑰历史悠久，品种繁多，
dàn què shǐ zhōng méi yǒu chū xiàn lán méi gui de shēnyǐng zhè
但却始终没有出现蓝玫瑰的身影，这
shì yīn wèi méi gui huā jī yīn méi yǒu shēngchéng lán sè cuì què
是因为玫瑰花基因没有生成蓝色翠雀
huā sù suǒ xū de wù zhì jìn nián lái rén men tōng guò
花素所需的物质。近年来，人们通过
xiānggguān jì shù zhōng yú zhì zào chū le zài guó nèi wài rè
相关技术，终于制造出了在国内外热
mài de lán sè yāo jī cái zhōng yú mǎn zú le rén
卖的“蓝色妖姬”，才终于满足了人
men yōngyǒu lán sè méi gui de yuànwàng
们拥有蓝色玫瑰的愿望。

méi gui de yìngyòng
玫瑰的应用

méi gui bù dàn yǒu jí hǎo de
玫瑰不但有极好的
měi róng jià zhí hái shì shì jiè shang
美容价值，还是世界上
zhùmíng de xiāngjīng yuán liào rén men
著名的香精原料，人们
duōyòng tā xūn chá zhì jiǔ hé pèi
多用它熏茶、制酒和配
zhì gè zhǒng tián pǐn
制各种甜品。

hóng sè de méi gui
▼红色的玫瑰

小知识

měi nián liù yuè chū de
每年六月初的
dì yī gè xīng qī rì shì
第一个星期日，是
bǎo jiā lì yà de chuán tǒng
保加利亚的传统
mín zú jié rì méi gui jié
民族节日玫瑰节。

xūn yī cǎo
薰衣草

xūn yī cǎo yòu míng xiāng shuǐ zhí wù líng xiāng cǎo xiāng cǎo huáng xiāng cǎo děng tā yuán chǎn yú dì zhōng hǎi yán àn ōu zhōu gè dì jí dà yáng zhōu liè dǎo
薰衣草又名香水植物、灵香草、香草、黄香草等，它原产于地中海沿岸、欧洲各地及大洋洲列岛。

jī běn xí xìng
基本习性

xūn yī cǎo shì duō nián shēng cǎo běn huò xiǎo ǎi guàn mù suī chēng wéi cǎo shí jì shì yī zhǒng zǐ lán sè xiǎo huā xūn yī cǎo de huā yán sè zhòng duō wǒ men cháng jiàn de wéi zǐ lán sè tōng cháng zài liù yuè kāi huā
薰衣草是多年生草本或小矮灌木，虽称为草，实际是一种紫蓝色小花。薰衣草的花颜色众多，我们常见的为紫蓝色，通常在六月开花。

bèi chēng wéi xiāng cǎo zhī hòu de xūn yī cǎo
▼被称为“香草之后”的薰衣草

pǔ luó wàng sī de xūn yī cǎo
普罗旺斯的薰衣草

shuō dào xūn yī cǎo rén men shǒu xiān huì xiǎng dào yī gè dì míng nà jiù shì fǎ guó nán bù de pǔ luó wàng sī zhè lǐ shēng zhǎng zhe dà piàn dà piàn de xūn yī cǎo zhì shēn qí zhōng fǎng fú shì zǒu jìn le zǐ sè de hǎi yáng shì quán shì jiè zuì zhù míng de xūn yī cǎo zhòng zhí dì
说到薰衣草，人们首先会想到一个地名，那就是法国南部的普罗旺斯。这里生长着大片大片的薰衣草，置身其中，仿佛是走进了紫色的海洋，是全世界最著名的薰衣草种植地。

小知识

xīn jiāng de tiān shān běi lù zhòng yǒu dà liàng xūn yī cǎo shì zhōng guó de xūn yī cǎo zhī xiāng
新疆的天山北麓种有大量薰衣草，是中国的薰衣草之乡。

花香逼人

无论什么颜色的薰衣草全株都略带木头甜味的清淡香气，这是因为它们的花、叶和茎上的绒毛均藏有油腺，只要轻轻一碰，油腺就会破裂而释放出香味，散发出无尽的花香。

▲ 香气逼人的薰衣草

美好的寓意

薰衣草有许多浪漫美好的寓意。它不但隐蕴着正确的生命态度，被人们视为纯洁、清净、保护、感恩与和平的象征，还寓意着“等待爱情”。

▶ 薰衣草

薰衣草的价值

古罗马人和波斯人很早就懂得利用新鲜的薰衣草做芳香浴，藉以消除疲劳和酸痛。现在，人们又不断地开发出薰衣草在观赏、工艺和药用三个方面的价值，使其成为一种宝贵的植物。

玉兰

玉兰又名白玉兰、木兰和应春花，多为落叶乔木。这种早春色、香俱全的观花树种，以其出色的外形和美好的象征意义，从很早开始便受到了人们的喜爱和推崇，成为一种著名的花卉。

国产名花

玉兰原产于长江流域，是我国著名的观赏植物和传统花卉，它树大花美，是名贵的早春花木，在中国有2500年左右的栽培历史。

报春的天使

玉兰花的外形和莲花酷似。每当鲜花盛开时，花瓣展向四方，发出耀眼的白光，仿佛是报春的天使在召唤万物的苏醒，具有很高的观赏价值。

▼报春天使的玉兰

bái yù lán
▲白玉兰

bīngqīng yù jié 冰清玉洁

yù lán huā qīngxiāngzhènzhèn qìn rén xīn pí shì yī zhǒngměi huà tíngyuàn de lǐ xiǎnghuā huì chú cǐ zhī wài yù lán huā bīngqīng yù jié xiàngzhēng zhechún jié zhēn zhì de ài

玉兰花清香阵阵，沁人心脾，是一种美化庭院的理想花卉。除此之外，玉兰花冰清玉洁，象征着纯洁真挚的爱。

zāi péi yù lán 栽培玉兰

zāi zhí yù lán shí yī dìng yàozhǎng wò hǎo shí jī bù néng guò zǎo yě bù néng guò wǎn yǐ zǎochūn fā yá qián tiān huò huā xiè hòuzhǎn yè qián zāi zhí zuì wéi shì yí yí zāi shí wú lùn miáo mù dà xiǎo gēn xū jūn xū dài zhe ní tuán hái yào jìn liàng bì miǎnsǔnshānggēn xì yǐ qiú què bǎochénghuó

栽植玉兰时，一定要掌握好时机，不能过早、也不能过晚，以早春发芽前10天或花谢后展叶前栽植最为适宜。移栽时，无论苗木大小，根须均需带着泥团，还要尽量避免损伤根系，以求确保成活。

小知识

yù lán yǐ qí yǎ zhì de xíngxiàng bèi wǒ guó dì yī dà chéng shì shàng hǎi xuǎn wéi shì huā

玉兰以其雅致的形象，被我国第一大城市上海选为市花。

lǜ huà shùzhǒng 绿化树种

yù lán huā duì yǒu hài qì tǐ de kàngxìng jiào qiáng jù yǒu yī dìng de kàngxìng hé xī liú de néng lì yīn cǐ yù lán shì dà qì wū rǎn dì qū hěn hǎo de fáng wū rǎn lǜ huà shùzhǒng

玉兰花对有害气体的抗性较强，具有一定的抗性和吸硫的能力。因此，玉兰是大气污染地区很好的防污染绿化树种。

mò lì
茉莉

mò lì yòu míng mò lì huā yuánchǎn yú yìn dù bā jī sī tǎn zhōngguó zǎo yǐ yǐn zhòng
茉莉又名茉莉花，原产于印度、巴基斯坦，中国早已引种，
bìngguǎng fàn de zhòng zhí mò lì huā cháng sān duǒ shēng yú yī gè zǒnggěngshàng yíng bái xiǎo qiǎo ér
并广泛地种植。茉莉花常三朵生于一个总梗上，盈白、小巧而
qiě xiāng qì xí rén yà zhōu de fēi lǜ bīn hé yìn dù ní xī yà dōu bǎ mò lì dìng wéi guó huā
且香气袭人。亚洲的菲律宾和印度尼西亚都把茉莉定为国花。

qīng yǎ yí rén
清雅宜人

mò lì yè sè cuì lǜ huā sè jié bái xiāng qì nóng yù shì zuì chángjiàn de fāngxiāngxìng pén
茉莉叶色翠绿，花色洁白，香气浓郁，是最常见的芳香性盆
zāi huā mù yòng tā lái diǎnzhuì shì nèi qīng yǎ yí rén cǐ wài mò lì huā yě xiàngzhēngzhe ài
栽花木。用它来点缀室内，清雅宜人。此外，茉莉花也象征着爱
qíng hé yǒu yì
情和友谊。

pǐn zhǒng hé fēn lèi
品种和分类

mò lì huā dà yuē yǒu
茉莉花大约有200
gè pǐn zhǒng zhǔ yào yǒu dān bàn
个品种，主要有单瓣
mò lì shuāngbàn mò lì hé duō
茉莉、双瓣茉莉和多
bàn mò lì qí zhōngshuāngbàn
瓣茉莉，其中双瓣
mò lì shì zhōngguó dà miàn jī zāi
茉莉是中国大面积栽
péi de zhǔ yào pǐn zhǒng
培的主要品种。

huā sè jié bái de mò lì huā
▼花色洁白的茉莉花

shēngzhǎng xí xìng
生长习性

mò lì xǐ huanwēnnuǎn shī rùn tōngfēngliánghǎo
茉莉喜欢温暖湿润、通风良好
de huánjìng yóu qí shì zài bàn yīn huánjìngshēngzhǎng de
的环境，尤其是在半阴环境生长的
zuì hǎo dà duō shù mò lì pǐn zhǒng hài pà yán hán de
最好。大多数茉莉品种害怕严寒的
tiān qì hé gān hàn de huánjìng
天气和干旱的环境。

mò lì huā
▶ 茉莉花

mò lì huā chá
茉莉花茶

mò lì huā chá shì jiāng chá yè hé mò lì xiān huā jìn xíng pīn hé yìn zhì shǐ chá yè xī shōu
茉莉花茶是将茶叶和茉莉鲜花进行拼和、窨制，使茶叶吸收
huāxiāng zuì zhōng shǐ cháxiāng yǔ mò lì huāxiāng jiāo hù róng hé mò lì huā cháxiāng qì nóng yù shēn
花香，最终使茶香与茉莉花香交互融合。茉莉花茶香气浓郁，深
shòu rén men de xǐ ài
受人们的喜爱。

mò lì huā yǔ
茉莉花语

mò lì huā sù jié nóng yù qīngxiāng tā de huā yǔ biǎo shì ài qíng hé yǒu yì xǔ duō
茉莉花素洁、浓郁、清香，它的花语表示爱情和友谊。许多
guó jiā jiāng qí zuò wéi ài qíng zhī huā qīngnián nán nǚ zhī jiān hù sòng mò lì huā yǐ biǎo dá jiānzhēn
国家将其作为爱情之花，青年男女之间，互送茉莉花以表达坚贞
ài qíng tā yě zuò wéi yǒu yì zhī huā zài rén men zhōng jiān chuán dì
爱情。它也作为友谊之花，在人们中间传递。

qīngxiāng mò lì huā
▼ 清香茉莉花

小知识

mò lì huā chá shì shì
茉莉花茶是市
chǎngshàng xiāo liàng zuì dà de
场上销量最大的
yī gè huā chá zhǒng lèi
一个花茶种类。

guì huā 桂花

měi nián zhōng qiū jié qián hòu shì guì huā shèng kāi de rì zi zhè shí tíng qián wū hòu
每年中秋节前后，是桂花盛开的日子。这时，庭前屋后、
gōng yuán lǜ dì de piàn piàn guì huā lín jiù huì sàn fā chū tián tián de guì huā xiāng wèi shǐ rén shēn shēn
公园绿地的片片桂花林就会散发出甜甜的桂花香味，使人深深
de chén zuì zài nà yī piàn nóng yù de huā xiāng zhī zhōng liú lián wàng fǎn
地沉醉在那一片浓郁的花香之中，流连忘返。

chǎn dì hé fēn bù 产地和分布

guì huā shù yè mào ér cháng lǜ shù líng cháng jiǔ fāng xiāng sì yì shì wǒ guó tè chǎn de
桂花树叶茂而常绿，树龄长久，芳香四溢，是我国特产的
guān shǎng huā mù hé fāng xiāng shù guì huā yuán chǎn wǒ guó xī nán xǐ mǎ lā yǎ shān dōng duàn yìn dù
观赏花木和芳香树。桂花原产我国西南喜马拉雅山东段，印度、
ní bó ěr jiǎn pǔ zhài yě yǒu fēn bù wǒ guó guì huā jí zhōng fēn bù hé zāi péi de dì qū zhǔ
尼泊尔、柬埔寨也有分布。我国桂花集中分布和栽培的地区，主
yào shì lǐng nán yǐ běi zhì qín lǐng huái hé yǐ nán de guǎng dà rè dài hé běi yà rè dài dì qū
要是岭南以北至秦岭、淮河以南的广大热带和北亚热带地区。

guì huā
▼桂花

shēng zhǎng huán jìng 生长环境

guì huā zài quán guāng zhào de huán jìng xià zhī yè shēng zhǎng mào shèng kāi huā fán mì rú guǒ shì zài yīn chù shēng zhǎng kě néng jiù huì zhī yè xī shū huā duǒ xī shǎo
桂花在全光照的环境下，枝叶生长茂盛，开花繁密。如果是在阴处生长，可能就会枝叶稀疏、花朵稀少。

guì huā sì dà pǐn zhǒng
桂花四大品种

guì huā yóu yú jiǔ jīng réngōng zāi péi zì rán zá jiāo hé réngōngxuǎn zé xíngchéng le fēng fù duōyàng de zāi péi pǐnzhǒng dà zhì kě yǐ fēn wéi sì gè pǐnzhǒngqún fēn bié shì jīn guì yín guì dān guì hé sì jì guì

桂花由于久经人工栽培，自然杂交和人工选择，形成了丰富多样的栽培品种。大致可以分为四个品种群，分别是金桂、银桂、丹桂和四季桂。

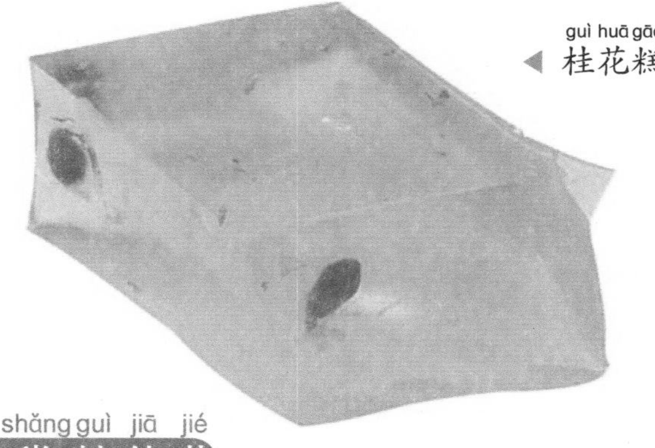

guì huā gāo
◀ 桂花糕

小知识

zhōng guó yǒu yī gè bèi chēng wéi guì huā zhī xiāng de dì fang tā jiù shì hú běi xiánníng

中国有一个被称为“桂花之乡”的地方，它就是湖北咸宁。

guì huā shù yè
▼ 桂花树叶

shǎng guì jiā jié
赏桂佳节

nóng lì bā yuè shì shǎng guì de zuì jiā shí qī guì huā hé zhōngqiū de míngyuè zì gǔ jiù hé zhōngguó rén de wén huàshēnghuó lián xì zài yī qǐ xǔ duō shī rén bǎ tā jiā yǐ shénhuà wú gāng fá guì děngyuègōng xì liè shénhuà yǐ chéngwéi lì dài kuài zhì rén kǒu de měi tán

农历八月是赏桂的最佳时期，桂花和中秋的明月自古就和中国人的文化生活联系在一起。许多诗人把它加以神化，吴刚伐桂等月宫系列神话，已成为历代脍炙人口的美谈。

lǜ huà shù mù
绿化树木

yīn wèi guì huā duì èr yǎnghuà liú fú huà qīngděngyǒu hài qì tǐ yǒu yī dìng de kàngxìng suǒ yǐ rén menjiāng qí zāi zhòng zài gōng kuàng qū ràngzhè xiē huánjìng wèi shì lái měi huà nà lǐ de huánjìng

因为桂花对二氧化硫、氟化氢等有害气体有一定的抗性，所以人们将其栽种在工矿区，让这些环境卫士来美化那里的环境。